Klaus Weber
Kurs Naturheilverfahren:
Manuelle Diagnostik und Bewegungstherapie

Für Michaela

Kurs Naturheilverfahren: Manuelle Diagnostik und Bewegungstherapie

Dr. med. Klaus Weber

Unter Mitwirkung von
Thorsten Heß

90 Abbildungen

Sonntag Verlag Stuttgart

Die Deutsche Bibliothek – CIP-Einheitsaufnahme

Manuelle Diagnostik und Bewegungstherapie / Klaus Weber. Unter Mitw. von Thorsten Heß. – Stuttgart : Sonntag, 1998
(Kurs Naturheilverfahren)
ISBN 3-87758-116-1

Anschrift des Verfassers:

Dr. med.
Klaus Weber
Buttenwegle 10
72108 Rottenburg

Anschrift des Mitarbeiters:

Herr
Thorsten Heß
Dorfstr. 77
97980 Bad Mergentheim-Wachbach

Wichtiger Hinweis

Wie jede Wissenschaft ist die Medizin ständig Entwicklungen unterworfen. Forschung und klinische Erfahrung erweitern unsere Erkenntnisse, insbesondere was Behandlung und medikamentöse Therapie anbelangt. Soweit in diesem Werk eine Dosierung oder eine Applikation erwähnt wird, darf der Leser zwar darauf vertrauen, daß Autoren, Herausgeber und Verlag große Sorgfalt darauf verwandt haben, daß diese Angabe dem Wissensstand bei Fertigstellung des Werkes entspricht.

Für Angaben über Dosierungsanweisungen und Applikationsformen kann vom Verlag jedoch keine Gewähr übernommen werden. Jeder Benutzer ist angehalten, durch sorgfältige Prüfung der Beipackzettel der verwendeten Präparate und gegebenenfalls nach Konsultation eines Spezialisten festzustellen, ob die dort gegebene Empfehlung für Dosierungen oder die Beachtung von Kontraindikationen gegenüber der Angabe in diesem Buch abweicht. Eine solche Prüfung ist besonders wichtig bei selten verwendeten Präparaten oder solche, die neu auf den Markt gebracht worden sind. Jede Dosierung oder Applikation erfolgt auf eigene Gefahr des Benutzers. Autoren und Verlag appellieren an jeden Benutzer, ihm etwa auffallende Ungenauigkeiten dem Verlag mitzuteilen. Geschützte Warennamen (Warenzeichen) werden nicht besonders kenntlich gemacht. Aus dem Fehlen eines solchen Hinweises kann also nicht geschlossen werden, daß es sich um einen freien Warennamen handele.

ISBN 3-87758-116-1

Printed in Germany 1998
Satz und Druck: Pustet
Grundschrift: 10/11 Times New Roman

Inhaltsverzeichnis

IV. Methoden der Krankengymnastik und Bewegungstherapie (Thorsten Heß)

V. Anhang

Vorwort

Die Bewegungstherapie gehört zu einem der Gebiete der *physikalischen Therapie,* die vom aktiven ärztlichen Handeln meist völlig abgekoppelt sind. Dabei hat gerade die Bewegungstherapie eine rasante und differenzierte Entwicklung von großer diagnostischer und therapeutischer Bedeutung genommen.
Nur in wenigen Teilgebieten wie der manuellen Therapie, die nicht ohne Grund auch manuelle Medizin genannt wird, spielt der Anteil der ärztlichen Therapeuten noch eine wichtige Rolle.

▷ Das Kursbuch »Bewegungstherapie« ist eine Einführung für Interessierte und Begleitband der **Weiterbildung Naturheilverfahren** in der NIDM.

Folgende Themenschwerpunkte prägen diese Einführung:

Manuelle Diagnostik

Einfache funktionelle Untersuchungstechniken für den Bewegungsapparat sind im ärztlichen Alltag aller Fachgruppen noch wichtiger als die technischen Untersuchungsmöglichkeiten des zweiten diagnostischen Schrittes: Röntgen, Sono, Kernspin etc.
Sie sind Grundlage für weitere Diagnostik- und Therapieentscheidungen im Bereich der physikalischen Therapie, der Medikation und Maßnahmen der Neuraltherapie und Akupunktur.

Isometrisch-isotonische Techniken der Ortho-Bionomy®

Sie lernen ebenso kraft- und zeitsparende wie effektive Techniken zur Behandlung muskulär bedingter Bewegungseinschränkungen kennen. Neben der eigenen Anwendung (Zeitaufwand nur wenige Minuten), besteht die Möglichkeit, Ihre Patienten zur häuslichen Übung anzuleiten und damit Therapieeffekte aus anderen therapeutischen Richtungen wie *Manualtherapie, Neuraltherapie, Akupunktur, Schröpfkopfbehandlung* etc. zu stabilisieren und zu verbessern.

Rückenschule

Mit der Rückenschule wird ein aktuelles Therapie- und Präventionsprinzip vorgestellt. Aus der einfachen Darstellung mit anschaulichen Abbildungen können sofort Beratungs- und Behandlungsstrategien (auch mit Hilfe von Photokopien des Textes) für Patienten in der täglichen Praxis entwickelt werden.

Übersicht

Eine Übersicht wichtiger Methoden der Bewegungstherapie und Krankengymnastik dient als Grundinformation für Ihre Verordnung.

An dieser Stelle möchte ich noch den beteiligten Verlagen und Autoren für die Überlassung von Bildmaterial danken und den Verlegern, Herrn und Frau Lückenhaus, für ihre Freundlichkeit und Geduld meinen besonderen Dank ausdrücken.

Rottenburg, im Herbst 1997 — Klaus G. Weber

I.
Grundlagen
Basiswissen

1. Bewegungstherapie

Unter dem Begriff der Bewegungstherapie wird eine unüberschaubare Anzahl unterschiedlichster Therapieansätze zusammengefaßt. Bei aller Unschärfe können wir die verschiedenen Richtungen in vier große Gruppen untergliedern:

- Bewegungstherapie und Krankengymnastik
- Manuelle Therapien
- Sondertechniken der Bewegungstherapie
- Bewegungstherapie in der Psychotherapie.

1.1 Bewegungstherapie und Krankengymnastik

Zur Bewegungstherapie gehören unter anderem.

▷ Medizinische *Trainingstherapie,* z. B. Koronarsport, Venengymnastik, Diabetikersport, Walking, Bewegungstraining bei AVK.
▷ Bewegungsübungen zur Aufrechterhaltung von *Gelenksfunktionen* bei *rheumatischen Erkrankungen*, z. B. isokinetisches Training.
▷ *Sportphysiotherapie* zur Adaptation an bestimmte sportliche Leistungen und zur Nachbehandlung nach maximalen Belastungssituationen, z. B. das Entzündungstraining.
▷ *Unspezifische vorbeugende Gymnastik* und gymnastische Lockerungs- und Entspannungstechniken, Kräftigungstechniken wie Bodybuilding etc.
▷ *Ergotherapie*
▷ *Tanz* als rhythmische Bewegungsübung etc.
▷ *Rückenschule.*

Bewegungstherapie wird häufig in Gruppen angeboten und durchgeführt. Es handelt sich daher meist um relativ einfache Bewegungsabläufe, die leicht erlernbar und in der Anwendung in Gruppen vom Gruppenleiter gut kontrollierbar sind. Die Patienten erhalten eine globale Anleitung zum jeweiligen Bewegungsablauf, der dann gemeinsam geübt und trainiert wird.

Zu den Möglichkeiten der Bewegungstherapie in der Gruppe gehören

- der Koronarsport
- die Venengymnastik

- der Diabetessport
- neue Kreislauf- und Venentrainingsmethoden wie »walking« und »Venenwalking«
- Die Ergotherapie, Trocken- und Wassergymnastik für spezielle Indikationen wie z. B. M. Bechterew
- Unspezifische Kräftigungsmethoden wie das Bodybuilding unter kontrollierter Anleitung sind weitere Möglichkeiten.

Besondere Bedeutung: Die Sportphysiotherapie
Ein Bereich der Bewegungstherapie zur Prävention hat bei uns noch nicht ausreichende Beachtung gefunden: die Sportphysiotherapie. Unfälle, die zu Arbeitsunfähigkeit führen, treten heute mehr im sportlichen und häuslichen Umfeld denn im Arbeitsleben auf.
Meist liegen die Ursachen hierfür in der mangelnden Vorbereitung für die jeweilige Sportausübung mit mangelnden Anwärmphasen und der Vernachlässigung einer ausreichenden Entmüdung.
Den wenigsten Fernsehzuschauern dürfte bei der passiven Beobachtung von Leistungssport klar sein, daß die sogenannten Ehren- und Auslaufrunden nach Spitzenbelastungen oder die Siegesfeier einer Fußballmannschaft im Warmbecken nicht Ausdruck einer besonderen Ruhmsucht oder einer luxuriösen Lebensführung sind, sondern vielmehr wichtige Elemente der *Entmüdungsbehandlung,* die einer Übersäuerung im Muskelgewebe vorbeugen soll. Nur bei ausreichender Entmüdung lassen sich Mikroverletzungen im Muskelbereich bei Bagatelltraumen nach Maximalbelastungen vermeiden und die rasche *Wiederherstellung der Normalleistungsfähigkeit* sichern.

Wichtige Bereiche der **Krankengymnastik**:
▷ Krankengymnastik in der *orthopädisch-chirurgischen Rehabilitation* (siehe Kapitel »Isometrie, Isotonie«)
▷ Krankengymnastik bei *internistischen* Krankheitsbildern
▷ Krankengymnastik bei *neurologischen* Krankheitsbildern: Insbesondere Techniken auf neurophysiologischer Basis wie Woyta, Bobath, PNF und krankengymnastische Techniken zur Behandlung von Teilleistungsstörungen.
▷ Sonderformen und Spezialtechniken wie die *Logopädie, Hippotherapie* etc.
▷ *Manuelle Therapie.*

Die Krankengymnastik im engeren Sinne zeichnet sich durch die individuelle Arbeit der Krankengymnastin mit der Patientin aus, wobei die

Patientin aktiv zu gezielten Bewegungen angeleitet wird. Am bekanntesten ist die Krankengymnastik in der orthopädisch-chirurgischen Rehabilitation zur Wiederherstellung der Beweglichkeit im Bewegungsapparat.
Weniger bekannt sind krankengymnastische Techniken bei *internistischen* und *neurologischen* Krankheitsbildern. Gerade in der Neurologie haben sich in den letzten Jahrzehnten neue Methoden entwickelt, die wesentlich zur Therapie schwerer neurologischer Erkrankungen und von Teilleistungsstörungen, Sprachstörungen etc. beigetragen haben (siehe Kapitel »Krankengymnastik«).

1.2 Manuelle Therapien

Unter dem Begriff »Manuelle Therapie« oder »Manuelle Medizin« werden eine Reihe von Verfahren verstanden, unter denen die eigentliche manuelle Therapie, bzw. **Chirotherapie,** in Deutschland am bekanntesten ist.

Manuelle Therapien:
▷ Chirotherapie/Manuelle Therapie
▷ Osteopathie
▷ Kraniosakrale Therapie
▷ Ortho-Bionomy®
▷ Kinesiologie mit einer großen Anzahl unterschiedlicher Ausrichtungen und Schulen z. B. Applied kinesiology, three-in-one-concepts, touch for health, Edukinestetik etc.
▷ Tragerarbeit
▷ Rebalancing
▷ Meridiantherapie nach Brand u. a. m.

Die *Manuelle Therapie/Chirotherapie* zielt auf die Wiederherstellung der vollen Beweglichkeit funktionell gestörter Gelenke durch gezielte Manipulation oder Mobilisation ab.
Eine besondere Bedeutung haben hierbei *translatorische Gelenkbewegungen* unter *Traktion*. In den letzten Jahren wurden zunehmend **postisometrische Relaxationstechniken** in die Manuelle Therapie eingeführt. Diese, im Gegensatz zu früheren isometrischen Techniken mit nur sehr geringer Kraft arbeitenden Facilitationstechniken haben das Spektrum der Therapiemöglichkeiten erheblich erweitert.
Ursprung der Manuellen Therapie/Chirotherapie in Deutschland sind

die amerikanischen Schulen für Osteopathie und Chiropraktik. Die **Osteopathie** wird in den USA und Kanada an Hochschulen gelehrt und führt zu einem Abschluß, der dem medizinischen Abschluß gleichgestellt ist.

▷ Kennzeichnend für die Osteopathie ist, daß neben der biomechanischen Betrachtungsweise der Manuellen Therapie noch größerer Wert auf Palpations- und Funktionsbefunde gelegt wird.

Darüber hinaus ist das Indikationsspektrum erheblich weiter als in der europäischen Manuellen Therapie. Über Reflexpunkt- und viszerale Techniken können auch *innere Organe* behandelt werden.

Aus der klassischen Osteopathie haben sich einige neue Therapien entwickelt, darunter die **Kraniosakrale Therapie** und die **Ortho-Bionomy**®.

Die **Kraniosakrale Therapie** beeinflußt *rhythmische Liquorbewegungen*, die über die nicht dehnfähige Dura auf die Schädelbewegungen und das Sakrum übertragen werden und sich im ganzen Körper nachweisen lassen.

▷ Die Harmonisierung gestörter Beweglichkeit im kraniosakralen System hat weitreichende Folgen auf Funktionen des Bewegungsapparates, die neurologische und psychische Regulation und die Funktionstüchtigkeit des Immunsystems.

Die **Ortho-Bionomy**® zeichnet sich durch ihr Grundprinzip aus, daß die Behandlung immer in die für den Klienten freie Richtung erfolgt, die Therapie nie Unbehagen auslösen darf und die Selbstwahrnehmung sowie Selbstorganisation der Klienten unbedingt zu respektieren sind.

▷ Die gezielte Manipulation der Ortho-Bionomy® geht nicht gegen die Blockierung sondern in Richtung des freien Bewegungsspiels der Klienten. Es wird fast ausschließlich unter *Kompression* gearbeitet.

1.3 Sondertechniken der Bewegungstherapie

Bewegung kann noch unter anderen Gesichtspunkten gesehen werden als in der Physiotherapie und manuellen Medizin. Dort, wo Bewegung der Selbsterfahrung und Selbstorganisation dient, werden die Übergänge von Somato- und Psychotherapie fließend. In den letzten Jahren haben sich in Europa zunehmend Techniken der *asiatischen Bewegungslehre* eingebürgert, die nochmals nach ganz anderen Prinzipien vorgehen und andere Zielsetzungen haben.

Beispiele für Sondertechniken:

▷ *Feldenkrais,* Bewußtheit durch Bewegung

▷ *Atemtherapien,* unter anderem nach Glaser oder Middendorf, Rebirthing, Eutonie, Lösungsverfahren.

▷ *Yoga* (Hata-Yoga, Kriya-Yoga, Yenga-Yoga u. a.)

▷ *Qi Gong* (Tai Chi Chuan).

Einige Schulen der Bewegungslehre betonen besonders den Aspekt der wahrgenommenen Bewegung. **Feldenkrais**, auch »Bewußtheit durch Bewegung« genannt, betont den Lernaspekt einer bewußt wahrgenommenen Bewegung. Mehr spielerisch kann der Lernende Fehler machen, neue Bewegungen erproben und damit selber Wege finden, sich neu zu organisieren und auf ungewohnte Anforderungen flexibler zu reagieren. Mit dem Auflösen eingefahrener Bewegungsmuster und der Bereitschaft, immer neue Lösungsmöglichkeiten für Bewegungsanforderungen zu finden, eröffnet sich auch eine neue geistige Freiheit und Beweglichkeit, eine gesteigerte Bewußtheit und nicht nur ein gesteigertes Bewußtsein.

Atemschule und Atemtherapie

Alle sich als pnöopädisch (atemlehrend) verstehenden Schulen der Atemtherapie führen ebenso wie **Feldenkrais**, nur hier mit dem Schwerpunkt des Atems, zu Ergebnissen, die weit über die an die Atemphysiologie gebundenen Atemtechniken der Krankengymnastik hinausgehen. So können durch eine entsprechende Atemschule die Atemphysiologie verbessert, die Selbstwahrnehmung geschärft, die psychische und physische Belastbarkeit gesteigert werden.

Ostasiatische Bewegungsschulen

Ostasiatische Bewegungsschulen nehmen als Grundlage ihrer Arbeit den Gedanken des Ki, des Hara oder Prama – die *strukturierte Lebensenergie* des Menschen, die sich durch entsprechende Bewegungsübungen steigern, konzentrieren oder umverteilen läßt. Der Gesundheitsprophylaxe sowie der Selbsterkenntnis und -vervollkommnung dienen Methoden wie **Yoga** und **Chi Gung** und auch **Tai Chi Chuan**, das unter dem deutschen Namen »Schattenboxen« mehr als friedfertige Abart einer Kampfsportart bekannt wurde.

Selbst die asiatischen Kampfsportarten wie Judo, Budo, Karate oder das Bogenschießen sind im letzten weniger ein Mittel, einen Gegner zu besiegen als vielmehr der Weg des Kriegers zu innerer Vollkommenheit. Die höchsten Grade dieser Kampfkünste, z. B. die hohen Dan-Grade, werden von Menschen erreicht, die durch ihre philosophische

Einsicht beeindrucken und nicht durch ihre physische Kraft und Gewandtheit.
So positiv sich diese Techniken auch für westliche Anwender auswirken mögen, ist doch darauf zu achten, daß eine gute Anleitung und Kontrolle gegeben ist. Immer wieder konnte in Einzelfällen beobachtet werden, daß in der Übung asiatischer Bewegungstechniken Unerfahrene unter mangelnder Anleitung dekompensierten und in Gefahr waren, psychisch und physisch schwer zu erkranken.

1.4 Bewegungstherapie in der Psychotherapie

Übersicht:

▷ *Bioenergetik, Core-Energetik*
▷ Radix, *holothropes Atmen* nach GROFF etc.
▷ Bewegungstechniken der humanistischen Psychologie (*Spiegeln, Skulpturarbeit, Körpersprache*)
▷ *Entspannungs-* und *Meditationstechniken* auf der Grundlage von Bewegung: Progressive Muskelrelaxation nach JACOBSEN, Tanz als Meditation, Sufimeditationen, Kundalinimeditation, etc.

Bewegung als Schlüssel zu Diagnose und Therapie
In der *reichianisch* ausgerichteten Psychotherapie und in der humanistischen Psychologie wird die Bewegung eingesetzt, um das Bewußtwerden und die Verarbeitung psychischer Prozesse zu beschleunigen und zu integrieren. Der Schwerpunkt der Arbeit liegt hier weniger auf der Bewegung, die gleichwohl für die jeweilige Therapie präzise gelernt werden muß, als auf deren psychotherapeutischen Bedeutung. Beispiel dafür sind die *Bioenergetische Analyse* und das *Radix*.
Getreu der Auffassung von WILHELM REICH, daß sich im Muskelpanzer der Charakter des Menschen spiegele, wird in der bioenergetischen Analyse der **Körperausdruck** in Haltung und Bewegung **Mittel für** die **Diagnose und Therapie**. Der Klient wird in einen körperlichen Stress oder eine Entlastungsposition gebracht. Dadurch erhält er einen spontanen Zugang zu dem mit dieser Haltung/Bewegung verbundenen Gefühlserleben, das dann in der Analyse aufgearbeitet werden kann.
Bei *Radix* wird mit Atem- und Blicktechniken gearbeitet, die ein Hervortreten unbewußter Bilder und Assoziationen provozieren. Im anschließenden therapeutischen Gespräch können diese Erfahrungen aufgearbeitet werden.

Die Methodik des »Spiegelns«

Ein einfaches Mittel für die tägliche psychische Arbeit mit den Patienten ist das Spiegeln mit und ohne Überzeichnung. Zum einen kann der Therapeut bei unklaren/doppeldeutigen Aussagen des Klienten dessen Körperhaltung und Gestik leicht nachahmen. Er wird dabei rasch über die eigene Selbstwahrnehmung ein Gefühl für Stimmigkeiten und Untertöne seines Gegenübers entwickeln. Andererseits kann der Klient eingeladen werden, mit Haltungen und Bewegungen zu experimentieren, die ihm vorgemacht werden. Dadurch gewinnt er neue Einsichten für seine *Selbstwahrnehmung* und hinsichtlich seines *Selbstausdruckes.*

Die Entspannung durch Bewegung

Ein wichtiges Element für die psychosomatische Grundbehandlung sind Entspannungstechniken. Am bekanntesten ist in der BRD das **autogene Training**, weltweit verbreiterter ist aber die **progressive Muskelrelaxation** nach JACOBSEN, die vielen Patienten leichter fällt als das autogene Training.

In der gestressten Grundsituation werden zunächst Muskelgruppen angespannt und nach Wahrnehmung der Spannung bewußt losgelassen und entspannt. Durch den Wechsel von Anspannung und Entspannung kann rasch eine *Tiefenentspannung* induziert werden.

Weitere Möglichkeiten des Stressabbaus und einer Neuzentrierung sind **meditative Tänze** oder **Bewegungsmeditationen** wie die **Sufi-Meditation**, »Vier Himmelsrichtungen« oder die **Kundalinimeditation**. Hier schließt sich wieder der Kreis mit den asiatischen Bewegungsschulen des Qi Gong und Yoga, bei denen Meditation und Bewegung ineinander übergehen.

2. Manuelle Diagnostik

2.1 Einführung

Beschwerden des Bewegungsapparates und dadurch ausgelöste Sekundärschmerzen, z. B. eine *vertebragene Kephalgie* und Projektionsschmerzen wie *Pelvipathien* unter dem Bild einer *Pseudoadnexitis* werden in der ärztlichen Praxis mehrheitlich mit *Analgetika*, bzw. *Antiphlogistika* behandelt.

▷ Demgegenüber zeigt eine holländische Studie am Beispiel des zervikogenen Kopfschmerzes, daß mittelfristig funktionelle Behandlungen mit manueller Therapie oder Physiotherapie bessere Ergebnisse zeitigen als die Analgetika-/Antiphlogistikabehandlung.

Mit der Einführung in einige Möglichkeiten der manuellen Diagnostik erhalten Sie Gelegenheit, den Stellenwert funktioneller klinischer Untersuchungstechniken im Verhältnis zu technischen Verfahren wie Röntgen und Sonographie einzuschätzen.

Darüber hinaus erleichtert eine groborientierende manuelle Untersuchung die Entscheidung über das weitere diagnostische und therapeutische Vorgehen.

Die Delegation von Leistungen an die Physiotherapie wird effektiver, wenn zunächst manuell untersucht wurde. Für einige Therapien wie die Neuraltherapie und Akupunktur ist ein sinnvolles Vorgehen ohne eine manuelle Orientierungsdiagnostik nicht denkbar.

Nach einigen Begriffsdefinitionen aus dem Bereich der manuellen Diagnostik (Quelle: NORBERT RANG) soll anhand des Modells der Funktionskrankheiten des Bewegungsapparates nach A. BRÜGGER die theoretische Begründung dafür geliefert werden, warum die Beachtung muskulärer Funktionsketten eine ausschlaggebende Bedeutung für die Beurteilung von Beschwerden des Bewegungsapparates haben.

Im zweiten Teil werden einfache manuelle Untersuchungsgänge artikulärer Störungen vermittelt.

2.2 **Begriffsdefinitionen** (Zusammenstellung nach NORBERT RANG)

Manuelle Medizin (nach der Züricher Konvention der FIMM 1983):

① Die **Manuelle Medizin** befaßt sich mit der Physiologie und der Pathophysiologie von Funktionsstörungen am Haltungs- und Bewegungsapparat. Sie umfaßt alle diagnostischen und therapeutischen Schritte und Techniken an der Wirbelsäule und an den Extremitätengelenken, die zur Auffindung und Behebung, sowie zur Verhütung dieser Störungen dienen.
② Die **manualmedizinische Diagnostik** umfaßt alle Maßnahmen zur Erkennung von reversiblen Funktionsstörungen am Haltungs- und Bewegungsapparat. Hierzu dienen: ⓐ die üblichen ärztlichen Untersuchungsverfahren ⓑ die statische und dynamische Untersuchung des Haltungs- und Bewegungsapparates ⓒ die palpatorische Überprüfung der Gelenkmechanik ⓓ die Beurteilung der Muskelfunktion und -koordination ⓔ die palpatorische Untersuchung der reflektorischen Reaktion und der Konsistenzveränderungen an Muskeln, Ligamenten, subkutanen Geweben und der Haut ⓕ die besondere Beurteilung der neurologischen und vaskulären Befunde, vornehmlich in Hinblick auf segmentale Veränderungen.
③ Die **manualmedizinische Therapie** umfaßt die manualmedizinischen Behandlungstechniken, die der Behebung von reversiblen Funktionsstörungen an Wirbelsäule und Extremitäten dienen, sowie deren lokale, regionale und reflektorische Auswirkungen. Folgende Techniken werden benutzt: ⓐ *Weichteiltechniken* ⓑ *Mobilisationstechniken* ⓒ *Manipulationstechniken:* Therapeutische Maßnahmen an einem oder mehreren Gelenken, welche über die physiologische Grenze hinausgehen, jedoch ohne die anatomische Grenze zu überschreiten. ⓓ *Stabilisierende Techniken* ⓔ *Änderung der Stereotype*

④ Die in der Manuellen Medizin behandelte reversible Funktionsstörung des Bewegungsapparates kann **mechanische** und/oder **reflektorische Ursachen** haben.

Aktuelle Ruhelage

Die aktuelle Ruhelage ist diejenige *Gelenkstellung*, in der das Afferenzvolumen aus der *Funktionseinheit Gelenk* (d. h. aus Gelenk, Kapsel, Sehnen, Muskeln, Nerv etc.) zur Zeit am kleinsten ist. Sie ist fast immer identisch mit der Gelenkstellung, in der die Funktionseinheit Gelenk am *entspanntesten* ist oder den *geringsten Schmerz* verursacht.

Ausgangsstellung

Die Ausgangsstellung ist entweder die *Ruhelage* (wenn diese nicht eingestellt werden kann, die aktuelle Ruhelage) oder die Gelenkstellung an der aktiven und/oder passiven *Bewegungsbarriere.*

Barriere

Eine Barriere ist eine *Bewegungsgrenze*. Es wird unterschieden zwischen einer Bewegungsgrenze für

- die aktive
- die passive Beweglichkeit
- die anatomische Grenze, an der die Strukturen bei Überschreiten zerreißen würden.

Der Bewegungsraum zwischen passiver Bewegungsgrenze und anatomischer Grenze wird auch als *paraphysiologischer Raum* bezeichnet.

Blockierung

Eine Blockierung ist eine *reversible hypomobile Funktionsstörung* mit eingeschränktem Gelenkspiel und reflektorischen Krankheitszeichen.

Endgefühl

Mit dem Endgefühl wird die *Kraft-Weg-Beziehung* an den Bewegungsgrenzen bei den *Funktionsbewegungen* aber auch des *Gelenkspieles* und bei *Kompression* umschrieben. Es werden physiologische und pathologische Endgefühle unterschieden.

Physiologische Endgefühle

- *weich* (z. B. bei Knie- und Ellenbogenflexion),
- *elastisch* oder *federnd* (z. B. bei Caudaschub im Glenohumeralgelenk)
- *hart ligamentär* oder *hart elastisch* (z. B. Knieextension) und *knöchern hart* (z. B. bei Ellenbogenextension).

Pathologische Endgefühle

- *knöchern* (z. B. bei Osteophyten)
- *zu hart* (z. B. bei Narbenbildung, Adhäsionen, Corpus librum),
- *zu weich* (z. B. bei Erguß oder Muskelverkürzung),
- *federnd* oder *springend* (z. B. bei Meniskusläsion),
- *abrupt* oder *spastisch* (z. B. Arthritis, Einstellen an der Bewegungsgrenze nicht zu)

Exzentrische Bewegung

Ansatz und *Ursprung* eines Muskels entfernen sich voneinander bei muskulärer Aktivität.

Gelenkspiel

Das Gelenkspiel ist die für sich alleine nicht aktive ausführbare Beweglichkeit des Gelenkes bei Abheben und geradliniger Parallelverschiebung eines Gelenkpartners bei fixiertem zweitem Partner.

Interpretation der Widerstandsteste (nach CYRIAX)

— Schmerz bei viel Kraft: ——► *kleine Muskel-Sehnen-Läsion*
— Schmerz bei wenig Kraft: ——► *große Muskel-Sehnen-Läsion*
— Kein Schmerz bei wenig Kraft: —► *neurologische Störung*
— Kein Schmerz bei viel Kraft: ——► *Normalbefund*

Kapselmuster

Das Kapselmuster ist ein typisches Störungsmuster von *Bewegungseinschränkungen* in jeweils *einem Gelenk,* das auf eine artikuläre Störung, meist eine *Arthrose* hinweist.

Konvex-Konkav-Regel (nach KALTENBORN)

Zur Mobilisation wird der Knochen mit der konkaven Gelenkfläche gleichsinnig und der mit der konvexen Gelenkfläche gegensinnig in den Stufen 2 und 3 zur Richtung der Bewegungseinschränkung bewegt.

Konzentrische Bewegung

Ansatz und Ursprung eines Muskels nähern sich bei aktiv ausgeführter Bewegung an.

Rollgleiten

Das Rollgleiten ist eine Kombination aus Rollen und Gleiten in der Beschreibung der Relativbewegung von zwei Gelenkpartnern zueinander bei den Funktionsbewegungen.

Ruhelage

Die Ruhestellung eines Gelenkes ist die Stellung, in der die *Kapsel* am *entspanntesten* ist und ihren *größten Rauminhalt* hat. Die Gelenkflächen haben dann den geringsten Kontakt zueinander. Meist ist dies die Mittelstellung der physiologischen Bewegungsbahn.

Traktions-, Mobilisationsstufen

- Stufe 1: *Lösen* (Piccolotraktion)
- Stufe 2: *Straffen*
- Stufe 3: *Dehnen* (Mobilisation)

Translatorisches Gleiten

Gleiten parallel der Behandlungsebene unter Piccolotraktion.

Untersuchungs-, Behandlungsebene

Diese Ebene ist parallel zum konkaven Gelenkpartner.

Untersuchungs-, Behandlungsrichtung

Bei der *Traktion* (Stufe 1 bis 3) und *Kompression* ist die Bewegungsrichtung senkrecht, bei dem *translatorischen Gleiten* (Stufe 2) oder der *Gleitmobilisation* (Stufe 2 und 3) parallel zur Behandlungsebene unter

Piccollotraktion (Stufe 1). Dadurch wird die Ausgangsstellung nicht definiert.

Verriegelte Stellung

In der verriegelten Gelenkstellung haben die Gelenkflächen einen möglichst großen Kontakt und stehen dabei unter einem erhöhten Druck zueinander; das Gelenkspiel wird dabei deutlich eingeschränkt bis aufgehoben durch eine *möglichst große Kapselspannung*.

2.3 Das Brügger-Konzept – Tendomuskuläre Funktionskrankheiten

2.3.1 Fehlhaltung als pathogenetischer Faktor

Der Schweizer Orthopäde BRÜGGER geht davon aus, daß eine Fehlhaltung oft den wichtigsten pathogenetischen Faktor bei *Schmerzen* am Bewegungsapparat darstellt.

Folgen der Fehlhaltungen sind *muskuläre Dysbalancen* mit
- muskulären Hypertonien
- muskulären Hypotonien
- dekontraktionsunfähiger Muskulatur.

Aus der muskulären Dysbalance entwickeln sich *reflektorische Schmerzketten* an Muskeln, Bändern, Gelenkkapseln und am Gleitapparat (Sehnenscheiden, Bursen, an Haut- und Unterhautgewebe).
Fehlbelastungsbedingte muskuläre Schmerzen werden häufig röntgenologischen oder laborchemischen Daten zugeordnet und unter Krankheitsbegriffen wie *Rheuma, Weichteilrheumatismus, M. Scheuermann, Bandscheibendegeneration, Osteochondrose, Spondylosis deformans* etc. geführt.
Bei diesen klinischen Diagnosen ist bekannt, daß trotz teils markanter morphologischer Veränderungen das Beschwerdebild sehr wechselt bzw. das Ausmaß der Beschwerden nur vage mit den Befunden korreliert. Die Patienten sind gelegentlich beschwerdefrei, dann können wieder Schmerzzustände auftreten. Folglich lassen sich die festgestellten morphologischen Veränderungen nicht als alleinige Ursache des Beschwerdebildes festlegen.
BRÜGGER konnte zeigen, daß die oben beschriebenen röntgenologischen Veränderungen häufig nicht Ursache, sondern **Folgen** der Störung des tendomuskulären Systems darstellen.

2.3.2 Physiologische Grundlagen

Gelenke ermöglichen die Bewegung zwischen zwei Bauelementen, z. B. dem Kniegelenk die Bewegung zwischen Unter- und Oberschenkel. Dabei übernehmen die **Muskeln** zwei Aufgaben:

▷ Sie dienen der Durchführung der Bewegung.

▷ Sie stellen eine Zuggurtung gegen Biegespannungen dar. Ein klares Beispiel ist der Tractus iliotibialis, der die Zuggurtung gegen ein Absinken des Femurhalses darstellt.

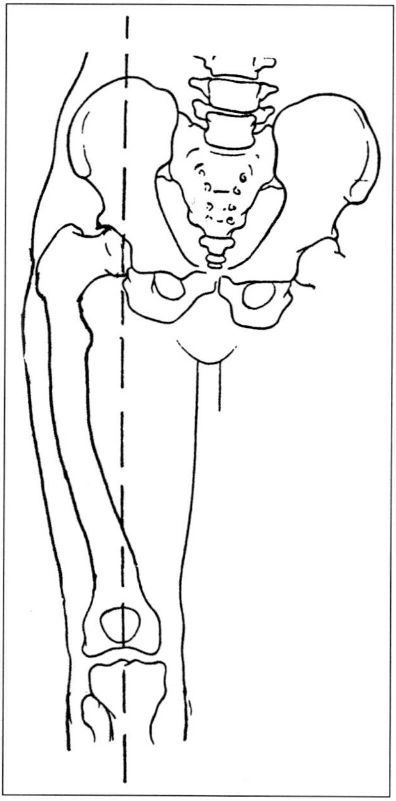

Abb. 1 Biegespannung des Oberschenkels ohne Zuggurtung

Um die Aufgaben der Bewegung und der Zuggurtung erfüllen zu können, müssen die Muskeln in der Lage sein, sich den *Spannungsverhältnissen* angepaßt zu kontrahieren und zu dekontrahieren. Die dabei wichtigen Begriffe der konzentrischen und exzentrischen Muskelarbeit werden im folgenden Kapitel *Isometrie/Isotonie* genau definiert.

Ich möchte am Beispiel des *Quadrizeps* diese Begriffe kurz erläutern. Beim Gehen wird durch die konzentrische Arbeit des Quadrizeps der Unterschenkel gestreckt. Das Auftreten und Abfangen des Körpergewichtes unter kontrollierten Spannungsbedingungen erfordert dagegen eine exzentrische Arbeit (Widerstand gegen Dehnung) des Quadrizeps. Im Bewegungsapparat werden die Spannungsverhältnisse durch Sehnenrezeptoren, Muskelspindeln, kapsuläre Rezeptoren, wie die Ruffini-Endorgane, und wie seit Neuerem bekannt, auch von Rezeptoren im Knochen vermittelt, die sensibel auf Biegespannungen und Druckbelastungen reagieren.
Neben den Rezeptoren, die den aktuellen Spannungszustand der einzelnen Elemente des Bewegungsapparates registrieren, kommen aus der Peripherie zusätzlich afferente Informationen über *mechanische, thermische, osmotische, onkotische Reize.* Die Gesamtreizinformation wird im ZNS verarbeitet und in geordnete Bewegungsabläufe umgesetzt, wie das reflexhafte Wegziehen einer Hand bei Hitzekontakt.

2.3.3 Pathophysiologie der Muskelgelenkeinheit

Die nozizeptive Afferenz aus der Peripherie führt zu Änderungen des tendomuskulären Systems, das 1. **hypoton**, 2. **hyperton** reagieren kann. Aus langanhaltenden Reizzuständen folgen **Tendomyosen** und **funktionsgebundene muskuläre Schmerzen**.

Zu 1. → **hypotone Reaktion** → Gelenkinstabilität durch reflektorische muskuläre Hypotonie.

Beispiele:
Beim Beißen auf harte, spitze Gegenstände wird über den spinalen Reflexbogen eine schlagartige massive Erschlaffung, gelegentlich sogar Gegenbewegung ausgelöst.
Die Radiusköpfchenluxation beim Kind führt zu einer Schonhaltung mit lähmungsartigem Bild. Nach Reposition des Radiusköpfchens ist der vorher praktisch aufgehobene Muskeltonus völlig wiederhergestellt.

Zu 2. → **hypertone Reaktion** → reflektorische Gelenkblockierung.

Ein Beispiel für die hypertone Dysregulation sind Gelenkblockierungen der kleinen Wirbelgelenke, bei denen sich allerdings hypo-, hypertone Elemente im Sinne einer Ruhigstellung des Bewegungselementes häufig ergänzen.

Schonhaltungen verschlechtern
Wichtig ist festzuhalten, daß diese Schonhaltungen sich faktisch der Willkür entziehen. Die afferenten Informationen der Nozi- und Mechanorezeptoren werden zentral verarbeitet, dabei Bewegungsapparat und Infrastrukturen des Körpers miteinander koordiniert und anschließend über die efferenten Informationsstränge im statomotorischen System (Muskeln und Gelenk) beantwortet.
Dabei werden nicht nur motirisch, sondern auch in der vegetativen/trophischen Versorgung der Gewebe alle Bewegungen gehemmt, die der Schonung gefährdeter Gewebe entgegenwirken.
Hier liegt eine der Ursachen in der Entwicklung schmerzhafter Tendomyosen, wie der *Epikondylitis lateralis* (siehe unten).
Unter physiologischen Bedingungen sind auch maximale Muskelanspannungen völlig schmerzfrei. Unter pathologischen Bedingungen können Schmerzen bei der Kontraktion und Dekontraktion auftreten.

▷ Bei genauerer Anamnese und Untersuchung stellt sich meist heraus, daß die Schmerzen fast immer ein Muskelpaar (Agonist, Antagonist) betreffen.

Das Beispiel: Tendomyosen
Tendomyosen betreffen häufig Muskeln, deren Aktivität mehr durch reflektorische Mechanismen denn durch direkte Überlastung schmerzhaft geworden ist. Sie stellen kein akademisches Problem der manuellen Diagnostik und Therapie dar, sondern sind Spiegel einer Erkrankung oder Gefährdung von Gewebsbereichen im Verlauf von Muskelfunktionsketten und innerer Organe.
Nach BRÜGGER spielen *typische Fehlhaltungen* eine herausragende Rolle bei der Entwicklung von Tendomyosen, an erster Stelle die häufig vorzufindende »krumme Körperhaltung«, die durch unsere vorwiegend sitzende Lebensweise extrem gefördert wird. In dieser vorgebeugten Haltung arbeiten auf der langen Seite des Bogens (dorsal) Muskeln hyperton der Biegung entgegen. Die Muskeln auf der kurzen Seite des Bogens (ventrale »Bogensehne«) reagieren hypoton.
In die reflektorischen Tonusänderungen der Muskulatur sind automatisch Änderungen der Vaskularisation, der Lymphversorgung, neuronale und hormonelle Faktoren und damit die gesamte Gewebstrophik miteinbezogen.
Diese Koppelung hat erhebliche praktische Konsequenzen, wie ich am Beispiel der **Epikondylopathia lateralis** zeigen möchte:

Beim sogenannten »Tennisellenbogen« finden wir häufig Patienten mit einer persistierenden vorgebeugten sternosymphysalen Belastungshaltung. Sternum und Symphyse sind einander unphysiologisch angenähert. Die ventral gelegene Rumpfmuskulatur (Bogensehne) wird reflektorisch hypoton geschaltet und dementsprechend bezüglich der Gewebstrophik nur reduziert versorgt. Willentliche Beanspruchung dieser Muskulatur, z. B. beim Tennisaufschlag, führt zu einem Ungleichgewicht von Muskelarbeit/Sehnenbelastung und der Versorgung bzw. Entsorgung des Arbeitsgewebes. Die jetzt angesprochenen Nozizeptoren stellen über die Schmerzwahrnehmung letztlich die Ruhigstellung der überlastungsgefährdeten Gewebe sicher.

Die **Lokalbehandlung der chronischen Epikondylopathie** ist häufig frustran, wenn es sich, wie hier angenommen, um eine *efferente Störung* handelt, also um einen Schmerzzustand, der durch *afferente Reize* (Verkürzung der ventralen Muskulatur) bedingt, sekundär in der Efferenz (Sehnenansatz) entstanden ist.

▷ Erst die Beseitigung der afferenten Störung, sprich der Fehlhaltung, führt zu einer Entlastung der Efferenz und damit zu einem bleibenden Therapieerfolg.

An diesem Beispiel läßt sich demonstrieren, daß Gelenke und ihre Funktionsstörungen nie isoliert betrachtet werden können, sondern immer im Funktionszusammenhang von *Bewegungsketten* einzuschätzen sind.

> Diagnostisch und therapeutisch darf die **segmentale Vernetzung aller Organbereiche** des Organismus untereinander nicht vergessen werden. Viszeroviszerale, enteromuskuläre und myoviszerale Reflexbögen führen dazu, daß chronische Funktionskrankheiten des Bewegungsapparates zu Belastungen innerer Organe führen können, andererseits aber Störungen innerer Organe die Funktion des tendomuskulären Systems belasten.

2.3.4 Die sternosymphysale Belastungshaltung

2.3.4.1 Ursachen und Zusammenhänge

▷ Nach Brügger ist eine Körperhaltung mit *verstärkter Brustkyphose*, nach ventral gesackten Schultern und Verkürzung des *M. rectus abdominis*, von ihm auch sternosymphysale Belastungshaltung genannt, eine der Hauptursachen für Störungen tendomuskulärer Funktionen.

▷ Diese Haltung ist dadurch gekennzeichnet, daß die *›krumme Haltung‹* Sternum und Symphyse einander unphysiologisch annähert.

Das führt zu einer Dysbalance von Druck- (ventrale Kanten) und Zugfaktoren (dorsaler ligamentärer Halteapparat) in der Wirbelsäule. Clavicula und Rippen werden unverhältnismäßig stark gegen das Sternum gedrückt, die ventrale Muskulatur reagiert hypoton und die dorsale Muskulatur hyperton, um die Belastung auszugleichen. Über Muskelfunktionsketten können Irritationen bis in die Hände und in die unteren Extremitäten ausstrahlen.
Wichtig ist dabei, daß die afferenten Belastungen, z. B. Reizung der Costosternalgelenke oder die mangelnde Dekontraktionsfähigkeit des M. pectoralis, subjektiv von den Patienten meist gar nicht wahrgenommen werden und die Schmerzen aus der Efferenz bei weitem überwiegen.

Zu unterscheiden ist zwischen

- ▶ **transitorischen tendomuskulären Reaktionen,** durch Moden wie (Stöckelschuhe), ungünstiges Mobiliar, Kleidung oder im sozialen Bereich durch lässige Haltung (Sitzliegen in Couchgarnituren), die durch eine Haltungsänderung zu korrigieren sind;
- ▶ **persistierenden tendomuskulären Reaktionen.** Die persistierenden Reaktionen rühren von chronifizierten Belastungen, z. B. der Wandlung von Haltungen zur Struktur durch Faszienverklebungen, oder Erkrankungen innerer Organe her. Nach Behandlung der Grundstörung können auch die tendomuskulären Störungen verschwinden.

2.3.4.2 Diagnostik der sternosymphysalen Belastung

Der *»sternale Palpationskreis«* ermöglicht es auf einfache Weise das Vorliegen einer klinisch relevanten sternosymphysalen Belastungshaltung zu diagnostizieren. Dabei werden bestimmte Druckpunkte massiert. Wenn beim entspannt in seiner gewohnten Haltung sitzenden Patienten viele der folgenden **Palpationspunkte massiv druckempfindlich** sind, kann sicher von einer sternosymphysalen Belastungshaltung ausgegangen werden.

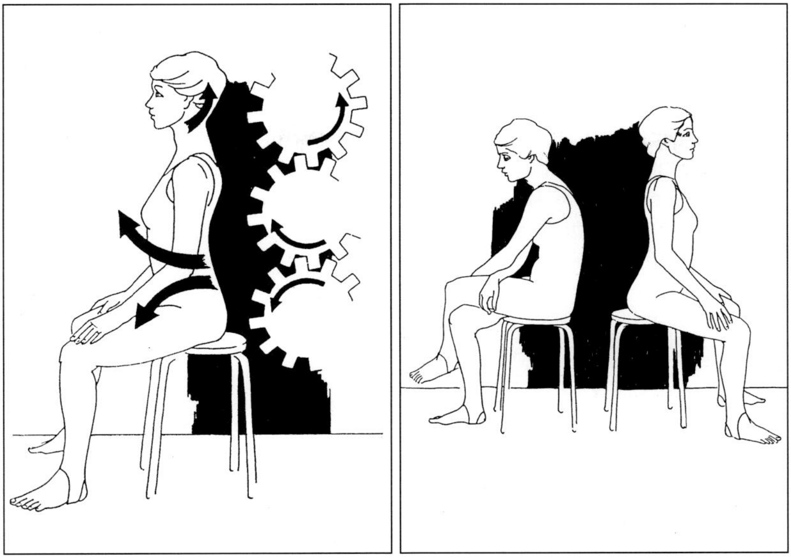

Abb. 2 Sternosymphysale Belastungshaltung (19)
(Der Klammerinhalt verweist auf die Quellennummer im Literaturverzeichnis)

Untersuchungspunkte des sternosymphysalen Palpationskreises:

- M. Pektoralis unter Hochrotation des Armes
- Sternoklavikulargelenk
- Sternocostales Gelenk
- Epikondylus medialis und lateralis
- Daumensattelgelenk.

Allgemeine Zeichen einer tendomuskulären Belastung:

A. Bewegungshemmung

Kontraktionsschmerz

Der Kontraktionsschmerz findet sich häufiger bei der hypoton geschalteten Muskulatur. Die Patienten berichten von einer unter Belastung rasch eintretenden schmerzhaften muskulären Müdigkeit. Bei der Palpation imponiert der **Druckschmerz unter Anspannung** der Muskulatur.

Dekontraktionsschmerz

Die Patienten berichten subjektiv von einer **schmerzhaft muskulären Steifigkeit** zu Bewegungsbeginn. Als Untersucher kann man einen deutlichen Druckschmerz über der Muskulatur bei Dehnung feststellen. Außerdem stellt sich bei der passiven Dehnung des Muskels häufig das sogenannte **Zahnradphänomen** ein, also eine ruckweise Dekontraktionsbewegung.

B. Desorganisation des Kontraktionsablaufes

Hypotone Muskulatur

Ein hypoton geschalteter Muskel, bzw. eine Muskelgruppe, ist gekennzeichnet durch die **rasche Ermüdbarkeit**, wobei sich die Diskrepanz zwischen willkürlicher Absicht und neuromuskulärer reflektorischer Adaptation in der zunehmenden faszikulierenden Zuckung bei der Ermüdung des Muskels zeigt. Die Patienten berichten unter muskulärer Anstrengung häufig von einem Vibrations- oder Fibrillationsgefühl, das auch objektiv als **faszikuläre Zuckung** sichtbar werden kann.

Hypertone Muskulatur

Unter exzentrischer Belastung, also Kontraktion gegen Dehnung, oder forcierter Dehnung tritt bei dieser Muskulatur ebenfalls ein **faszikuläres Zucken** auf. Die Patienten klagen dabei über eine unangenehme **Muskelvibration**, gelegentlich auch über das Auftreten von **Muskelkrämpfen**. Objektiv ist bei der forcierten passiven Dehnung des Muskels ein **Rigor** festzustellen.

Blockierung der Muskeltätigkeit

Chronische tendomuskuläre Belastungen können zu einer Kontraktinaktivierung von Muskelfasern führen. Diese Fasergruppen sind als **Myogelosen** schmerzhaft tastbar. Die Dauerbelastung größerer Muskelpartien im Sinne der Kontraktinaktivierung mündet letztendlich in eine **Kontraktur**. Dabei fallen bei der Palpation **strangförmige Muskelverhärtungen** auf, die in ihrer derben Konsistenz mehr dem Palpationsbefund von Sehnen als von Muskeln gleichen.

2.3.4.3 Therapeutische Hinweise

▷ Bei Vorliegen hyper- und hypotoner Belastungen nach den oben genannten Kriterien in einem Muskelpaar empfiehlt es sich immer, nach möglichen tendomuskulären Funktionsketten zu suchen.

Im Falle einer sternosymphysalen Belastungshaltung können anschließend u. a. die im Kapitel »Isometrie/Isotonie« angeführten Techniken zur Therapie des aktuellen Befundes angewandt werden.

▷ Unterstützend oder auch zu Beginn einer Behandlung können der M. pectoralis und der Ansatz und Ursprung des M. rectus abdominis **neuraltherapeutisch** infiltriert werden.

◀ Die ansonsten übliche Injektion in schmerzhafte Regionen des Trapezius oder an den Epikondylus lateralis ist nach dem oben Genannten wenig sinnvoll.

II. Praxis der Untersuchung

1. Untersuchung der Wirbelsäule, der Schulter und des Beckens

Funktionelle Beeinträchtigungen der Wirbelsäule und der Extremitätengelenke spielen in der Praxis eine große Rolle. Sie sind einerseits Ausdruck *tendomuskulärer Belastungen,* aber auch Ausgangspunkt wie Ergebnis *gestörter Muskelfunktionsketten.*

Die Ursache der Funktionsstörungen kann in einer Überlastung der Wirbelsäule und der peripheren Gelenke liegen, oder im Zusammenhang mit funktionellen oder manifesten Erkrankungen innerer Organe stehen. Über viszerovertebrale Funktionskreise (z. B. Rückenschmerz durch eine Gastritis) und umgekehrt über den vertebroviszeralen Weg können Wirbelblockaden und andere Beschwerden auftreten.

Die folgende Darstellung der Untersuchungstechniken orientiert sich vorwiegend an den Vorgaben von BUCHMANN/WEBER *»Weiche Techniken in der manuellen Therapie der Wirbelsäule«* (Hippokrates, Stuttgart 1994) und DVORAC/DVORAC *»Manuelle Diagnostik«* (Thieme, Stuttgart 1991).

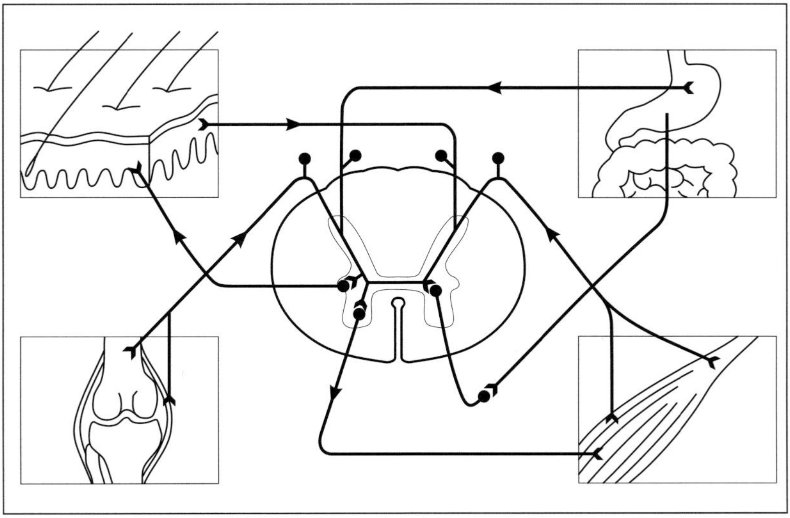

Abb. 3 Reflexbogen

1.1 Grundlegende Untersuchungskriterien

1.1.1 Inspektion in Ruhe

Beurteilt werden:
- *Asymmetrie, Symmetrie*
- *Haltung*
- *muskuläre Balance bzw. Dysbalance*
  (z. B. Beugung der Ellenbeuge durch einen kontrakten M. Bizeps).

1.1.2 Inspektion in Bewegung

Extremitäten

Beachtet werden: Die **Einschränkung der Beweglichkeit** in den Extremitätengelenken **bei Beugung, Streckung, Innen- und Außenrotation, Abduktion** und **Adduktion** einzeln und im Seitenvergleich soweit für das einzelne Gelenk physiologisch möglich. Beobachtung des Zusammenspiels mit den Nachbargelenken und von **Ausweichbewegungen** wie die Seitneigung der HWS bei Abduktionshemmung im Schultergelenk.

Wirbelsäule

Beachtet werden: Alle **Einschränkungen** in **Flexion** und **Extension, Seitneigung** und **Rotation** der Wirbelsäule als Ganzes oder in Teilen; die Qualität der Bewegungsabläufe, z. B. ob fließend gleichmäßig statt ruckend und hart; die Endstellung einer Bewegung, z. B. eine gleichmäßig geschwungene Wirbelsäule in Seitneigung oder eine Seitneigung mit »Knickbildung« und Teilversteifung ohne Seitneigungsmöglichkeit.

Wichtig: Die **Knickbildung** ist Ausdruck einer vermehrten **Bewegungsbelastung** und Zeichen einer **Hypomobilität benachbarter Segmente**. Die benachbarten »geraden« Segmente können sich nicht seitneigen, darum übernimmt das geknickte Segment bestmöglich die erforderliche Gesamtbewegung. Primärer therapeutischer Angriffspunkt sind deswegen die hypomobilen Segmente.

1.1.3 Kinästhetik der passiven und aktiven Beweglichkeitsprüfung

Unter Nutzung der der kinästhetischen Wahrnehmung des Therapeuten kann die Qualität des Bewegungsablaufes (fließend, ruckend etc.) noch klarer beurteilt werden.

1.1.3.1 Vergleich der Unterschiede zwischen passiver und aktiver Beweglichkeit

Zum Beispiel:
- Ausmaß der Bewegung
- Kombinations- und Ausweichbewegungen

1.1.3.2 Zusätzliche Aussagen durch die kinästhetische Wahrnehmung der Bewegungsqualität des Klienten

Zum Beispiel:
- Rigor
- Faszikulation
- Gleichmäßigkeit des muskulären Widerstandes durch den gesamten Bewegungsablauf
- hypotone Situationen ohne Bewegungswiderstand.

1.1.3.3 Endanschlag, Endgefühl

Der Endanschlag ist eine wichtige Qualität zur Funktionsbeurteilung von Extremitätengelenken, aber auch der Wirbelsäule zur Differenzierung der unterschiedlich beteiligten Strukturen.

Weicher Anschlag

Weich endet die Bewegung bei Begrenzung durch Muskel- und Fettgewebe z. B. bei der Knie- und Ellenbogenflexion.

Straffelastisch oder straff ligamentärer Anschlag

Beim straffelastischen Anschlag werden in der Regel die das Gelenk passiv haltenden Bänder bzw. Kapselstrukturen gestrafft und beenden damit die Gelenkbewegung, z. B. Knieextension.

Hartelastischer Anschlag

Diesen Anschlag findet man bei Narben und Adhäsionen.

Plötzlicher Anschlag

Fehlender Widerstand mit abruptem Ende bei hypotonen und hypermobilen Situationen.

Knöchern harter Anschlag

Ein harter Anschlag am Ende einer Bewegung ist ein Hinweis auf eine gelenkbedingt normale ossäre Hemmung wie beim Ellenbogengelenk oder aber pathologisch durch Osteophyten.

Weichelastischer – federnder Anschlag

Der weichelastische Anschlag weist auf ein muskulär oder weichteilbedingtes Bewegungsende hin. In diesem Fall kann die Bewegung über das bei der ohne Gewalt ausgeübten aktiven Bewegungsprüfung erreichte Endmaß in Endstellung nach einiger Zeit passiv elastisch etwas weiter geführt werden, wenn sich eine muskulär bedingte Bewegungseinschränkung langsam löst. Normal ist dieser Anschlag beim caudalen Schub im Liegen, z. B. beim Glenohumeralgelenk.

Teigiger Anschlag

Bei entzündlichen Veränderungen oder der Einlagerung von Ödemen kann es zu einer merkwürdig »teigigen« Qualität des Bewegungsendes kommen.

1.1.4 Palpation

Nach Inspektion, passiver und aktiver Bewegungsprüfung inklusive Endanschlag differenziert die Palpation lokale Verhärtungen und Verquellungen und Zunahme und Abnahme des Muskeltonus in unterschiedlichen Gelenkstellungen.

1.1.5 Höhenlokalisation der Wirbelkörper

Im Einzelfall ist die Segmenthöhe im Bereich der Wirbelsäule nicht leicht festzustellen. Einige Hilfen zur Höhenlokalisation der Dornfortsätze können die Orientierung erleichtern. Der tastbare Dornfortsatz entspricht nicht immer der Höhe des jeweiligen Wirbelkörpers. Bei den Lendenwirbelkörpern besteht Übereinstimmung. Die Dornfortsätze der BWS liegen dachziegelartig übereinander. In der unteren und oberen BWS liegt der Wirbelkörper ca. einen Dornfortsatz höher, in der mittleren BWS eineinhalb bis zwei Dornfortsätze höher.

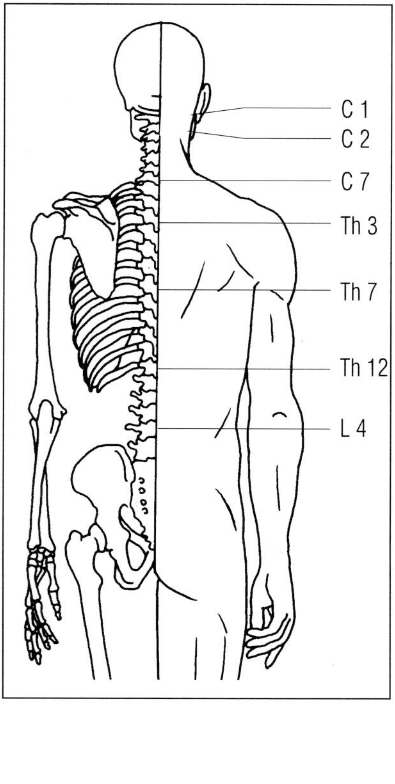

C 1 = 1. tastbarer Querfortsatz
C 2 = 1. tastbarer Dornfortsatz
C 7 = meist »Promineus«
Th 3 = Verbindung der Spinae Scapulae
Th 7 = Verbindung Unterrand der Scapulae
L 4 = Darmbeinkammlinie

Abb. 4 Orientierungspunkte und Linien der WS

C2	Erster tastbarer Dornfortsatz
C6	Leitaussage für die Festlegung von C7. Bei der Reklination ist der Dornfortsatz von C6 nicht mehr tastbar.
C7	Häufig der Prominens (Prominens gelegentlich auch TH1), Differenzierung durch Festlegung von C6.
TH3	Etwa auf Höhe der Verbindungslinie der Spinae scapulae.
TH7	Etwa auf Höhe der Verbindungslinie zwischen dem unteren Schulterblattwinkel.
TH11	Der Untersucher legt in der Axiliarlinie seine Hände mit dem Zeigefingerkanten nach innen unter den Rippenbogen des Klienten und fährt diesen entlang mit einem festen Strich nach innen. Der Kreuzungspunkt der Hände über der WS entspricht ca. TH1.
L4	Die Verbindungslinie zwischen den Darmbeinkämmen verläuft in der Regel durch den Dornfortsatz von L4.

1.2 Untersuchung der Halswirbelsäule

1.2.1 Bewegungsmöglichkeiten der HWS

Seitneigung — Rotation — Extension — Flexion

Einige Besonderheiten bestehen für den Bereich vom Hinterhaupt bis zu den ersten beiden Halswirbeln C_0 bis C_2.

1.2.2 Atlantooccipitalgelenk

Zwischen dem Schädel und dem ersten Halswirbel finden Roll-, Gleitbewegungen statt, die wichtig sind für das Nicken.

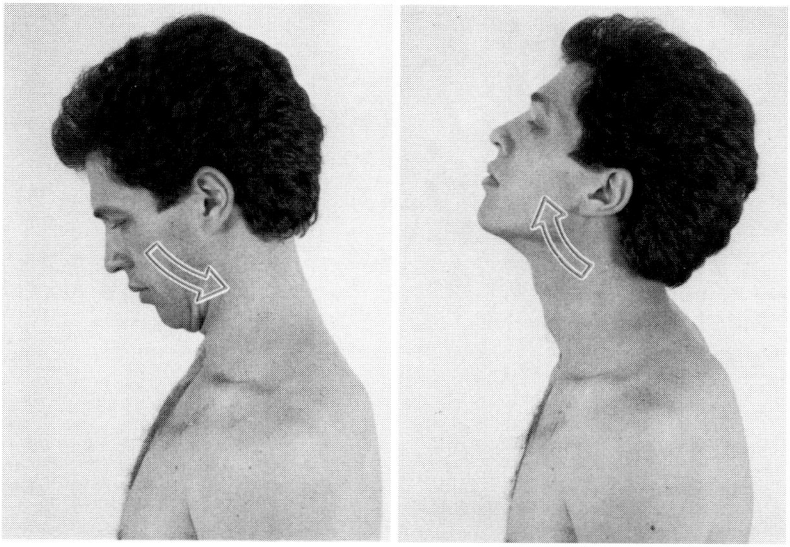

Abb. 5 Inklination und Reklination des Kopfes bei gestreckter HWS als Test der Roll-, Gleitfähigkeit zwischen C_0/C_1. (7)

1.2.3 Rotation obere HWS

Der Patient sitzt aufrecht, die Halswirbelsäule in maximaler Vorbeuge. Die jetzt noch mögliche Rotation kommt aus dem Segment **C1–C2**.
Zwischen dem ersten und zweiten Halswirbel, Atlas und Axis finden wir die maximale Drehbeweglichkeit der HWS.

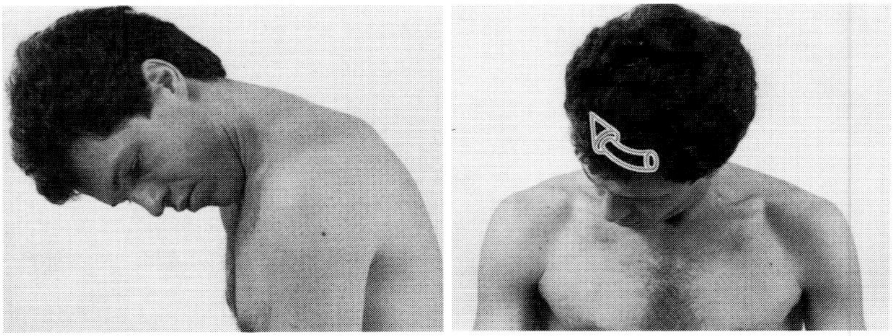

Abb. 6 Prüfung der Rotation der oberen HWS. (7)

1.2.4 Aktive Flexion

Der aufrecht sitzende Patient beugt den Kopf maximal nach vorne. Normbefund: Kinn berührt fast das Brustbein.

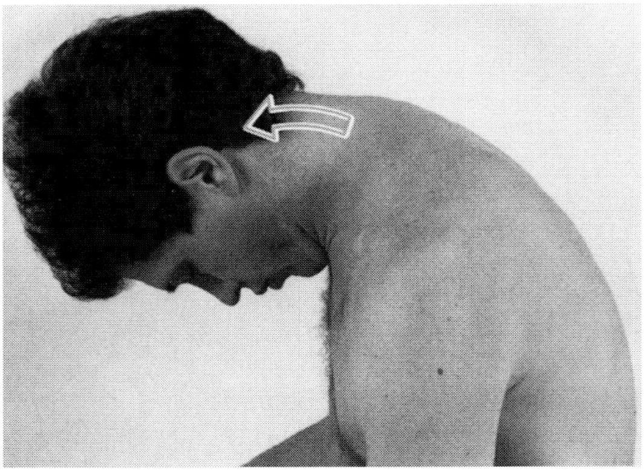

Abb. 7 Prüfung der aktiven Flexion. (7)

1.2.5 Aktive Extension

Der aufrecht sitzende Patient neigt den Kopf maximal nach hinten. Normbefund: Die Gesichtsfläche blickt bis 15–30 ° parallel zur Zimmerdecke.

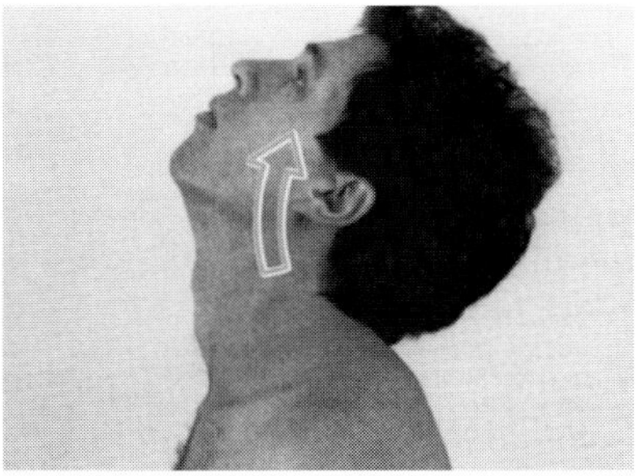

Abb. 8 Prüfung der aktiven Flexion. (7)

1.2.6 Passive Flexion und Extension

Bei der passiven Prüfung ist in der Regel das Bewegungsausmaß größer als bei der aktiven Prüfung. Endgefühl beachten!!

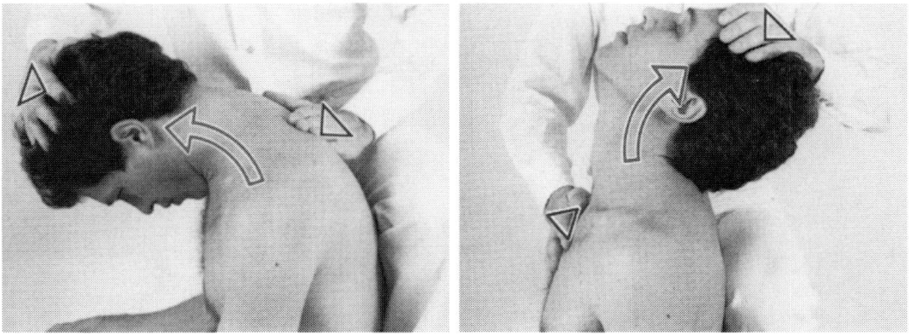

Abb. 9 Passive Prüfung von Flexion und Extension. (7)

1.2.7 Aktive Rotation untere HWS

Der aufrecht sitzende Patient führt eine maximale Rückbeuge der HWS aus. Dadurch werden die oberen Zervikalsegmente verriegelt. Die jetzt noch erhaltene aktive und passive Drehbeweglichkeit gibt Auskunft über die Rotationsfähigkeit im zervikothorakalen Übergang.

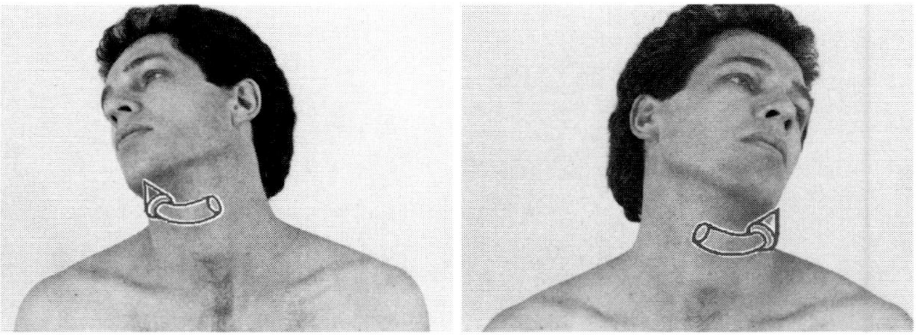

Abb. 10 Aktive Prüfung der Rotation der unteren HWS (C_3 bis Th_3 (7)

1.2.8 Passive Rotation untere HWS

Der Untersucher umfaßt den Kopf des Patienten in der Parietalregion, extendiert vorsichtig die HWS und rotiert sanft den Kopf nach rechts und links. Seitenvergleich!

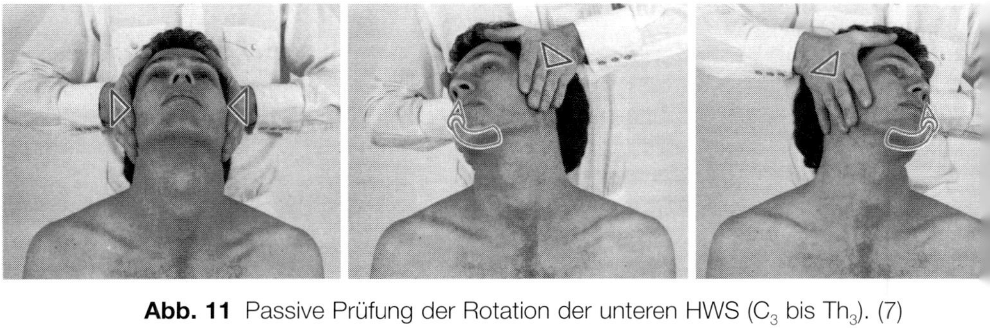

Abb. 11 Passive Prüfung der Rotation der unteren HWS (C_3 bis Th_3). (7)

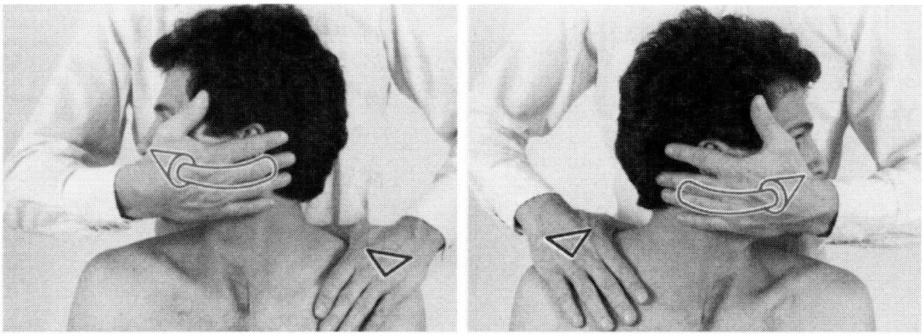

Abb. 12 Globale passive Rotationsprüfung der HWS. (7)

1.2.9 Aktive und passive Seitneigung

Der aufrecht sitzende Patient führt aktiv eine Seitneigung nach rechts und links aus. Wichtig ist der **Seitenvergleich** unter Berücksichtigung der gleichmäßigen Schwingung der **HWS-Kurve**.

Bei Bewegungseinschränkungen kommt es häufig zu Kombinationsbewegungen mit Rotation zur gleichen Seite. In unklaren Fällen sollte der Therapeut aktiv und passiv prüfen und bei der Aktivprüfung der Seitneigung den Kopf des Klienten in der **Sagittalachse** halten, um eine Ausgleichsbewegung zu verhindern. **Die Fixierung der Schulter schließt die kompensatorische Seitneigung der BWS aus.**

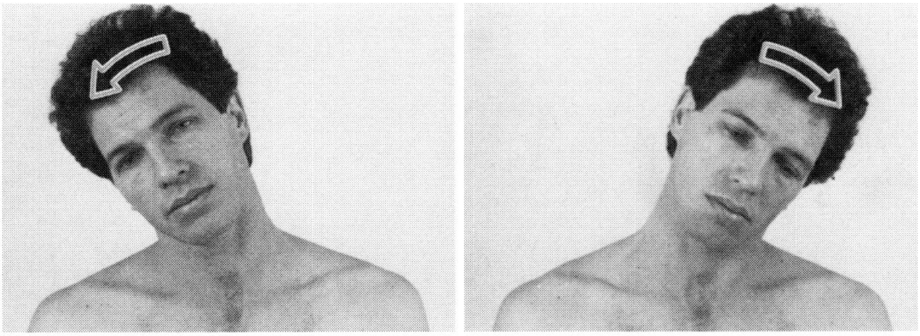

Abb. 13 Aktive Prüfung der Seitneigung. (7)

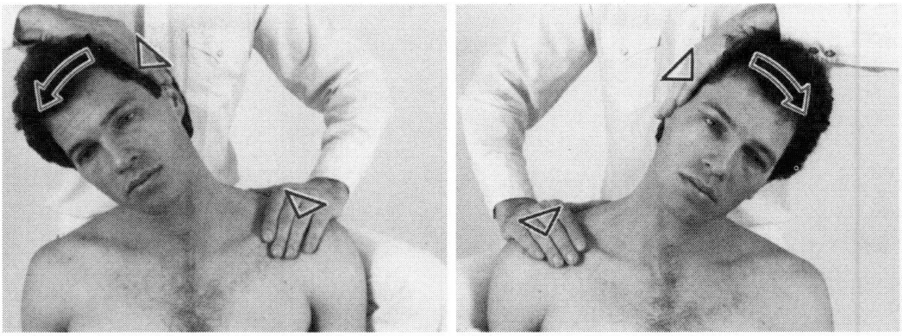

Abb. 14 Passive Prüfung der Seitneigung. (7)

1.3 Untersuchung der Schulter

1.3.1 Globale aktive Prüfung

- ventrale Flexion – die Arme werden nach ventral angehoben und wenn möglich über 180 ° (die Senkrechte) Richtung dorsal geführt.
- Abduktion und Adduktion der Arme, die in der Ausgangsposition horizontal nach ventral (vorne) zeigen.
- Seitliche Abduktion von 0 bis 180 °.
- Innen- und Außenrotation mit angewinkelten Unterarmen bei seitlich auf 90 ° abduzierten Oberarmen. Dieser Test wird besser im Liegen durchgeführt, um isoliert die Rotation beurteilen zu können.
- Nackengriff und Schürzengriff.

1.3.2 Seitliche Abduktion – »painful arc«

- Schmerzen von 0–60 ° Hinweis auf muskuläre Reizung des M. deltoideus und M. supraspinatus.
- Schmerzen von 60–120 ° Hinweis auf durch die subacromiale Kompression ausgelöste Schmerzen bei Reizung der Bursa subacromialis und der Supraspinatussehne Differentialdiagnose: Bei der Bursitis kein Schmerz bei isometrischer Abduktionsprüfung.
- Schmerzen von 120–150/180 ° bei Störungen des M. serratus anterior und des Akromioklavikulargelenks.
- Bewegungseinschränkung ab 90 ° bei Fixierung der Scapula.

1.3.3 Globaler Krafttest der Rotatorenmanschette

Der aufrecht sitzende Patient hat die Oberarme seitlich an den Thorax angelegt, die Unterarme sind mit 90° angewinkelt, die Handflächen zeigen nach innen. Gegen den Widerstand des Untersuchers wird isometrisch die Kraft bei Abduktion beider Unterarme geprüft.

1.3.4 Der Hyperadduktionstest

Der Patient legt die Hand der zu untersuchenden Seite auf die Schulter der Gegenseite. Sein Ellenbogen zeigt waagrecht nach vorne. Der Untersucher führt den Ellenbogen zur Gegenschulter, bis das Endgefühl auftritt. Schmerzen können bei einer Irritation des Akromioklavicular- und Sternoklavikulargelenkes auftreten.

1.4 Untersuchung der Brustwirbelsäule

1.4.1 Bewegungsmöglichkeiten der BWS

Die BWS weist eine gute Rotationsbeweglichkeit, gute Flexions-, Extensionsbeweglichkeit und nur eine geringe Möglichkeit zur Seitneigung auf. Zur Prüfung der Drehfähigkeit und Beurteilung der Streckung und Beugung ist die Fixierung des Beckens notwendig. Sie erfolgt durch die *Reitsitzposition* des Patienten auf der Untersuchungsliege.

1.4.2 Rotationsprüfung der oberen BWS Th1 bis Th3

▷ Siehe »Prüfung der unteren HWS«.

1.4.3 Rotationsprüfung der mittleren und unteren BWS

Der Patient sitzt aufrecht im Reitsitz auf der Untersuchungsliege, die Hände im Nacken verschränkt. Maximale Rotation nach rechts und links und Beurteilung des gesamten Bewegungsausmaßes. Gleichzeitig von dorsal Palpation der Wirbelsäule zur Feststellung der segmentalen Bewegungseinschränkung nach rechts oder links.

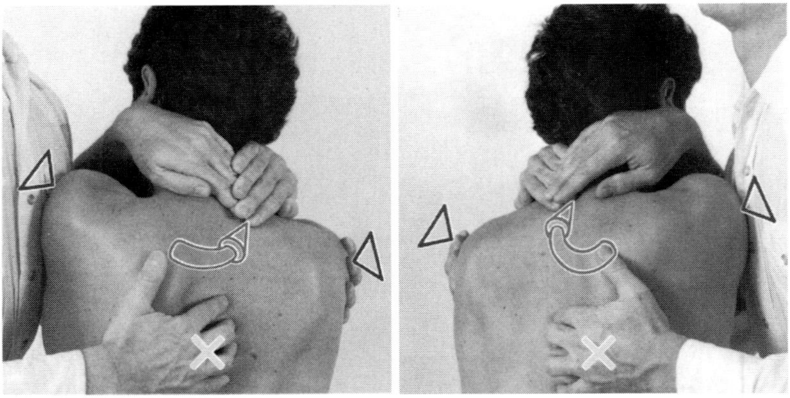

Abb. 15 Rotationsprüfung der BWS. (7)

1.4.4 Vorbeuge- und Rückbeugeprüfung im Sitzen

Der Patient sitzt aufrecht im Reitsitz auf der Untersuchungsliege, die Hände im Nacken gefaltet, die Ellenbogen zeigen nach vorne. Er beginnt mit der HWS eine langsame abrollende aktive Vorbeuge nach vorne. Beurteilt werden Bewegungsausmaß und Bewegungsgleichmaß der Vorbeuge. **»Knickbildungen«** und **nicht flektierte Wirbelsäulenabschnitte** weisen auf **Funktionsstörungen** hin.

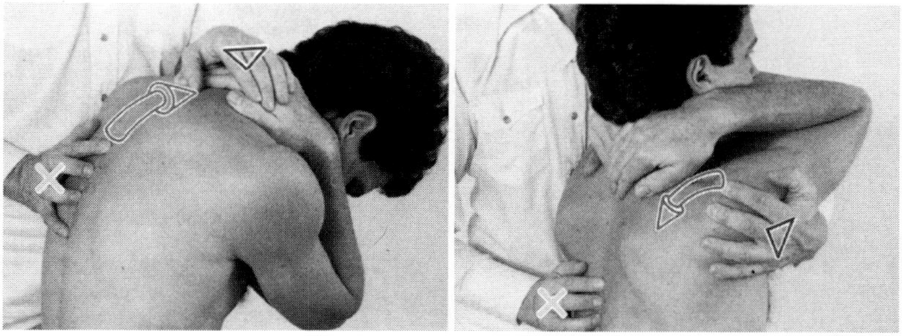

Abb. 16 Vorbeuge- und Rückbeugeprüfung. (7)

1.4.5 Aktive Rückbeuge

Der Patient sitzt im **Reitsitz** auf der Untersuchungsliege, die Hände im Nacken gefaltet, die Ellenbogen zeigen nach außen. Mit dem Kopf beginnend führt er langsam eine aktive Rückbeuge nach hinten aus. Der Therapeut kann im LWS-Bereich eine leichte Unterstützung geben, um dem Klienten die Angst nach hinten zu fallen zu nehmen. Beurteilt werden **Bewegungsgleichmaß** und **Bewegungsausmaß**.

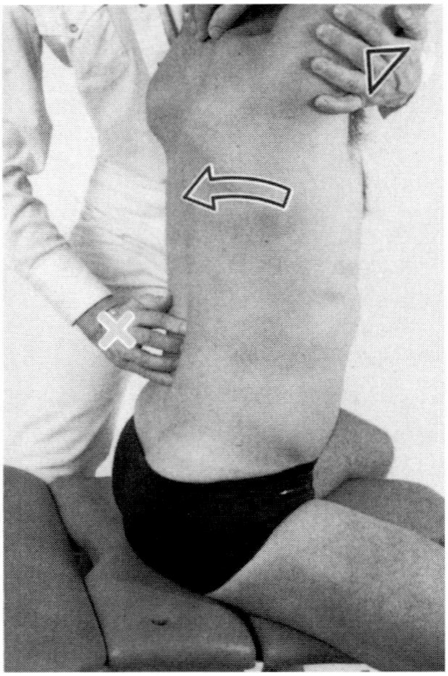

Abb. 17 Prüfung der aktiven Rückbeuge. (7)

1.4.6 Aktive Prüfung der Seitneigung

Im Reitsitz oder im Stehen führt der Patient mit im Nacken verschränkten Händen eine aktive Seitneigung nach rechts und links aus. Beurteilt werden **Bewegungsausmaß** und **Bewegungsgleichmaß**, insbesondere die harmonische oder nicht-harmonische Schwingung der Wirbelsäule bei Seitneigung.

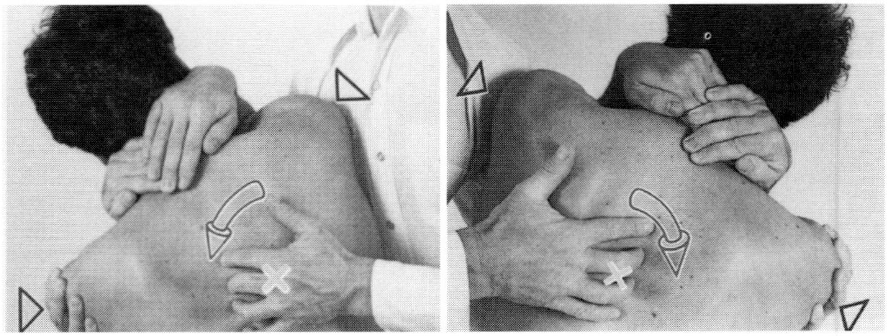

Abb. 18 Aktive Prüfung der Seitneigung. (7)

1.4.7 Monosegmentale Untersuchung der Seitneigung und Rotation

Die Kombination der oben beschriebenen Untersuchung der Seitneigung und Rotationsbeweglichkeit der BWS kann leicht zur Differenzierung monosegmentaler Störungen genutzt werden. Der sitzende Patient verschränkt seine Hände im Nacken. Dadurch richtet sich die Wirbelsäule deutlich auf. Der Untersucher umfaßt mit einem Arm die Schulterpartie des Patienten. Der Mittelfinger der anderen Hand wird neben die Dornfortsatzreihe in den Zwischenraum zwischen drittem und viertem Dornfortsatz gelegt. Bei einer jetzt durchgeführten Seitneigung und Rotation der Patienten läßt sich eine geringfügige Bewegung der Dornfortsätze gegeneinander feststellen. Durch Weitergleiten des Fingers zum nächsten Dornfortsatzzwischenraum und Wiederholung der Bewegung läßt sich leicht ein Unterschied in der jeweiligen Beweglichkeit feststellen. Dadurch ist die Differenzierung **monosegmentaler Hyper- und Hypomobilitäten** möglich.

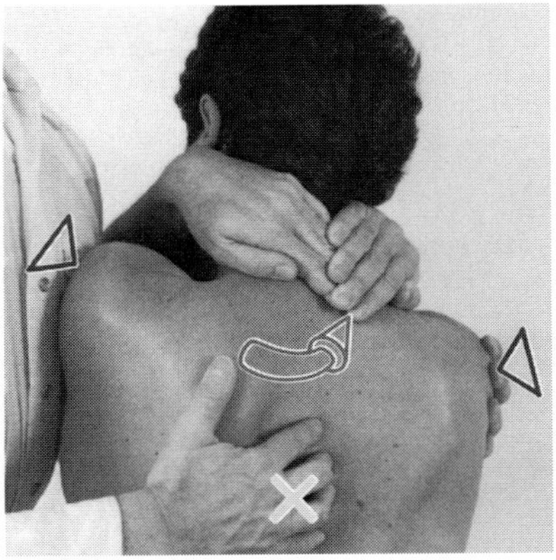

Abb. 19 Untersuchung der Seitneigung und Rotation der BWS. (7)

1.4.8 Dornfortsatzklopfschmerz

Durch kräftiges Klopfen mit dem Fingerknöchel auf die Dornfortsätze der BWS kann bei Irritationen der kleinen Wirbelgelenke ein deutlicher differenzierter Dornfortsatzklopfschmerz ausgelöst werden. Wegen der dachziegelartigen Überlappung der Dornfortsätze der BWS kann bei Auslösen des Dornfortsatzklopfschmerzes die Irritation ein bis zwei Wirbelkörper höher liegen als der Klopfort.

1.5 Untersuchung der Lendenwirbelsäule

1.5.1 Aktive Rückbeuge im Stehen

Für die Untersuchung steht der Patient mit fußbreit auseinanderstehenden Füßen vor dem Untersucher. Dieser legt die Fingerspitzen einer Hand auf die Kreuzbeinregion. Die Bewegung beginnt in der Regel im lumbosakralen Übergang und wandert dann von Segment zu Segment nach kranial.

- Eine Bewegungseinschränkung oder Aufhebung der Beweglichkeit zwischen zwei Wirbeln ist immer Zeichen einer funktionellen Störung, auch wenn keine Schmerzen dabei auftreten. Beurteilt werden Ausmaß und Gleichmaß der Schwingung und die eventuelle Neigung zu Ausweichbewegungen wie Seitneigung und Rotation.

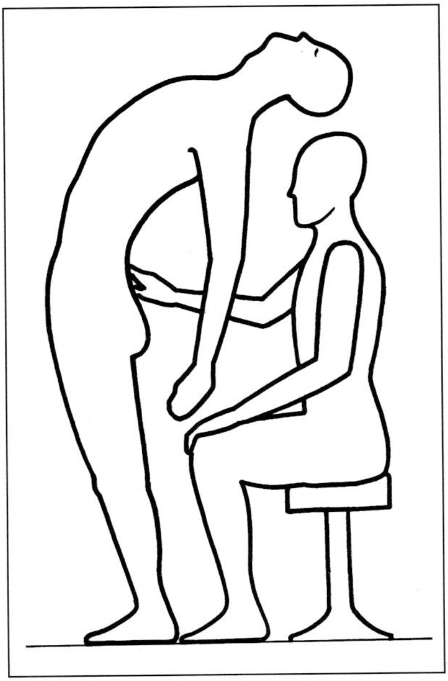

Abb. 20 Aktive Rückbeuge im Stehen. (3)

1.5.2 Aktive Seitneigung im Stehen

Der wie vorher stehende Patient wird vom Untersucher aufgefordert, sich nach rechts und links zu neigen. Dabei werden, wie eingangs beschrieben, gleichmäßige Schwingungen der LWS-Kurve und die Ausweichbewegungen im Sinne einer Rotation oder Vor- oder Rückbeuge beachtet. Bei Vorliegen einer **eingeschränkten Rückbeuge** dient die Beobachtung der Einschränkung der Seitneigung zur Differenzierung, **auf welcher Seite die Irritation liegt**, die zur Einschränkung der Rückbeuge geführt hat.

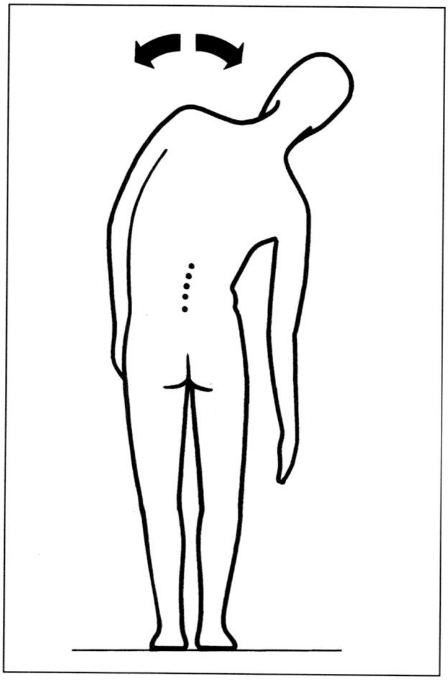

Abb. 21 Aktive Seitneigung im Stehen. (3)

1.5.3 Aktive Vorbeuge im Stehen

Der mit parallelen Füßen vor dem Untersucher stehende Patient wird aufgefordert, vom Kopf aus beginnend nach vorne abzurollen. Dabei müssen die Kniegelenke gestreckt bleiben. Das Beugen der Kniegelenke ist ein Zeichen, daß die aktive Vorbeuge der Wirbelsäule nicht weiter geführt werden kann. Zum Ausschluß von Störfaktoren aus dem Bereich der ischiocruralen Muskulatur (siehe Kapitel »Isotonie/Isometrie«), der Iliosakralgelenke sowie der Hüftgelenke kann die Vorbeuge auch im Sitzen durchgeführt werden, wobei der Patient mit den Füßen sicher auf dem Boden ruhen muß. Beurteilt werden **Gleichmaß** und **Ausmaß der Bewegung**.

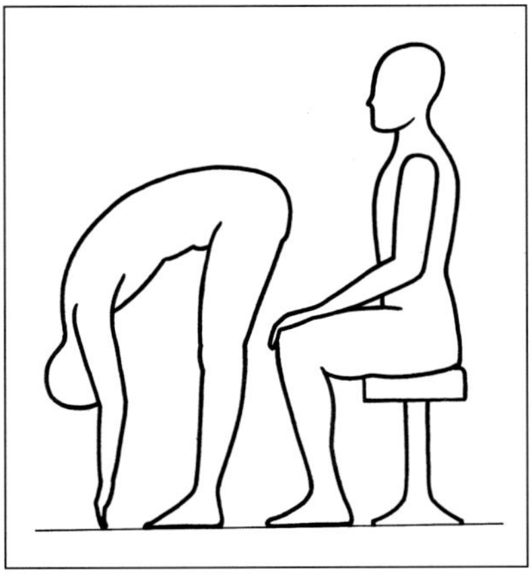

Abb. 22 Aktive Vorbeuge im Stehen. (3)

1.5.4 Dornfortsatzkopfschmerz

Der Dornfortsatzkopfschmerz eignet sich im Bereich der LWS sehr gut zur segmentalen Differenzierung insbesondere radikulärer bzw. pseudoradikulärer Beschwerden. Der Untersucher erhält hierdurch eine gute Aussage über die **Höhenlokalisation**.

1.5.5 Triggersyndrome

Wird bei der Palpation der paravertebralen Muskulatur z. B. im Bereich der oberen Anteile des M. iliocostalis lumborum ein Ausstrahlungsschmerz in Richtung Glutäalregion ausgelöst, handelt es sich in den seltensten Fällen um eine radikuläre Symptomatik, sondern um ein **muskuläres Triggersyndrom**.

2. Untersuchung der Iliosakralgelenke und des Beckens

Die Mehrheit der Patienten mit *Lumbalgien* weist Störungen der Iliosakralgelenke auf. Die Iliosakralgelenke sind die größten Gelenke des Körpers und können eine Vielzahl komplexer Funktionsstörungen aufweisen. Wenig beachtet, aber dennoch für die Statik des Beckenringes und die Funktion der Iliosakralgelenke äußerst wichtig, stellt die Symphyse ventral die Beweglichkeit des Beckens sicher.

2.1 Beckenring

Untersucht werden im Stehen und/oder Liegen im Seitenvergleich ventral die Höhenlokalisation der Spina iliaca anterior superior (SIAS), von dorsal die Höhe der Darmbeinkämme und der Spinae iliacae posteriores superiores (SIPS). So können **Beckenschiefstand, Beckenverwringung,** die **Ventralisierung, Dorsalisierung** oder das **Abgleiten der Darmbeinschaufel** nach caudal oder cranial differenziert werden.

Bei der **Beckenverwringung** steht die SIAS der Seite tiefer, auf der von dorsal SIPS und Beckenkamm mehr cranial zu finden sind. Die anderen Störungen (upslip, downslip) zeigen gleiche Befunde für alle drei Bezugspunkte.

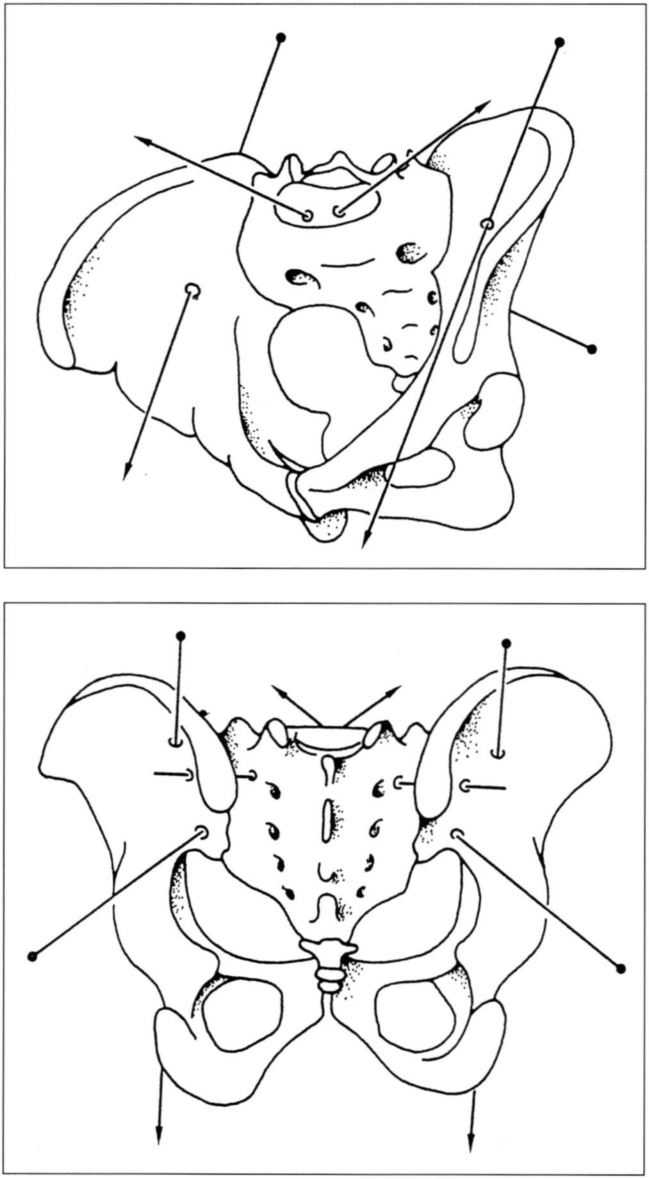

Abb. 23 Drehachsen des Beckenringes. (11)

2.2 Iliosakralgelenke

2.2.1 Palpation der ISG-Fugen in Bauchlage

Ein Palpationsschmerz findet sich über den ISG-Fugen häufiger auf der Seite der Bewegungseinschränkung. Bei länger anhaltenden Gelenkblockierungen kann es allerdings zu einer Druckempfindlichkeit der Gegenseite kommen als Ausdruck der Belastung durch eine kompensatorische Hypermobilität. Die **blockierte Seite** ist dann **wenig druckdolent**.

2.2.2 Vorlauf im Stehen

Der Untersucher legt die Ulnarkante seiner Zeigefinger auf die Beckenkämme, die Daumen palpieren die SIPS. Nun wird der Patient aufgefordert, von der HWS ausgehend langsam nach vorne abzurollen. Das relative **Hochsteigen eines Daumens** cranialwärts ist Zeichen einer **ISG-Blockierung** oder einer **muskulär bedingten Beckenverwringung**.

Nach Lewitt erfolgt die Differenzierung dadurch, daß der Patient ca. 15–20 Sekunden vornübergebeugt stehen bleibt bzw. die Übung mehrfach wiederholt wird. Im Falle einer muskulären Beckenverwringung kommt es nach 10–15 Sekunden zu einem spontanen Ausgleich der Höhendifferenzen der SIPS beidseits durch Nachlassen des Muskeltonus. Ein **persistierender Hochstand** ist Zeichen einer **Blockierung** primär in den cranialen Gelenkanteilen.

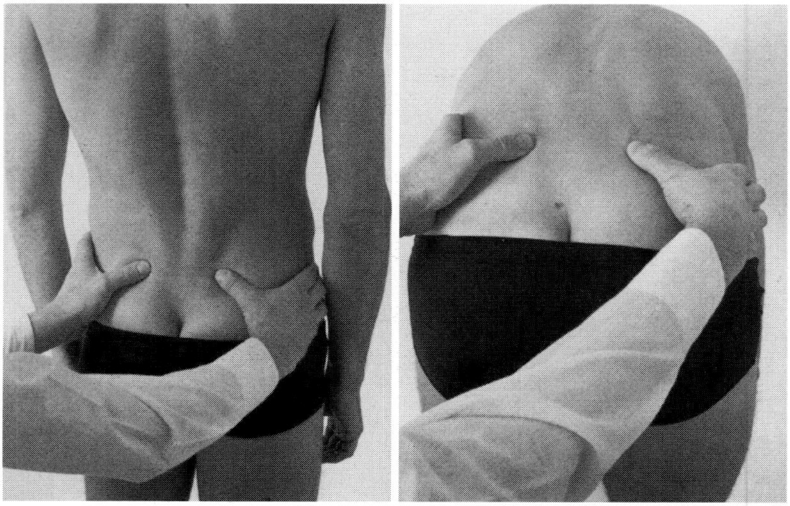

Abb. 24 Vorlauf im Stehen. (7)

2.2.3 Vorlauf im Sitzen

Das Vorlaufphänomen kann auch im Sitzen geprüft werden. Durch die Fixierung der Sitzbeine auf der Unterlage gewinnen Sie hier eine Aussage über die Möglichkeit einer **Blockierung der caudalen Gelenkanteile**.

Wichtig: Das ISG kann insgesamt oder nur in seinen cranialen bzw. caudalen Anteilen blockiert sein. Deswegen ist manchmal nur im Stehen oder nur im Sitzen der Vorlauf positiv.

2.2.4 Muskulatur der Beckenregion und der Oberschenkel

▶ Einfache Untersuchungs- und Behandlungsmöglichkeiten bezüglich der für die Stellung und Beweglichkeit des Beckenringes wesentliche Muskulatur finden Sie im Kapitel: »Isometrie/Isotonie«.

2.2.5 Weitere Untersuchungsgänge

Die hier beschriebenen sehr einfachen Untersuchungsgänge dienen einer groben Orientierung. Zur weiteren Differenzierung sei für die Interessierten auf die folgenden Bücher hingewiesen.

- Buchmann, J. – Weber, K.: »Weiche Techniken in der Manuellen Medizin.« 2. Auflage. Hippokrates, Stuttgart 1997
- Dvorak, J. – Dvorak, V.: »Manuelle Medizin: Diagnostik.« 4. A. Thieme, Stuttgart 1991
- Sachse, J. – Schild: »Manuelle Untersuchung und Mobilisationsbehandlung der Wirbelsäule.« Springer, Wien, New York 1989

III. Therapeutische Praxis

1. Isometrische und isotonische Therapie bei Funktionsstörungen des Stütz- und Bewegungsapparates

1.1 Theoretische Grundlagen und Behandlungsprinzipien

1.1.1 Muskulär bedingte Bewegungseinschränkungen

Bewegungseinschränkungen im Stütz- und Bewegungsapparat können *artikulär* und *muskulär* bedingt sein. Die Manipulationstechniken der manuellen Therapie zielen primär auf die artikulären Störungen ab.

▷ Isometrische und isotonische Techniken bieten eine einfache, risikoarme und effektive Behandlungsmöglichkeit bei muskulär bedingten Bewegungseinschränkungen.

▷ Da mit der Eigenkraft und Beweglichkeit der Patienten gearbeitet wird, besteht kaum eine Verletzungsgefahr.

Ursprünglich überwog bei der Anwendung von isometrischen und isotonischen Techniken die Vorstellung von einer vermehrten Dehnbarkeit der Muskulatur nach Ermüdung. Dementsprechend wurde viel Kraft eingesetzt.

Heute setzen sich eher Techniken mit *minimalem Krafteinsatz* durch, die sich neuromuskuläre Reflexmechanismen zunutze machen. Eine davon ist die Therapie nach den Prinzipien der *Ortho-Bionomy®*, eine andere die *PIR-Technik* (siehe BUCHMANN/WEBER: »Weiche Techniken in der Manuellen Therapie der WS«).

▷ **Ortho-Bionomy®** ist eine weiche Technik zur sanften manuellen Behandlung von Beeinträchtigungen des Stütz- und Bewegungsapparates sowie innerer Organe.

Funktions- und Bewegungseinschränkungen am Beispiel des Kniegelenks:

Eine Beuge- und Streckhemmung im Kniegelenk kann durch das Gelenk mit Gelenkflächen, Kapsel und Bändern, durch eine mangelnde Kontraktions- oder Dehnfähigkeit der beteiligten Muskulatur oder von beiden Struktursystemen gleichzeitig bedingt sein. Erst die effektive Behandlung der eigentlichen Gelenksituation in Kombination mit den dieses Gelenk bewegenden Muskeln wird optimale Ergebnisse erbringen. Muskelenergietechniken können alleine bereits eine erhebliche Besserung des Beschwerdebildes bewirken und eignen sich gut für die Anleitung zur Selbstbehandlung.

1.1.2 Begriffe und Definitionen

1.1.2.1 »Isometrisch«

- ist eine Muskelanspannung, die gegen einen nicht nachgebenden Widerstand ausgeübt wird. Der Muskel spannt sich an, ohne sich zu verkürzen.

1.1.2.2 »Isotonisch«

- ist eine Muskelkontraktion gegen einen gleichbleibenden Widerstand. Die Kraft, die der Bewegung entgegensteht, ändert sich während des Bewegungsablaufes nicht.

1.1.2.3 »Isokinetisch«

- ist eine Bewegung mit gleichbleibender Bewegungsgeschwindigkeit gegen wechselnden Widerstand.

Für eine orthobionomische Behandlung (siehe unten) wäre in der Regel die *isokinetische* Anwendung *optimal.* Sie geht auf den aktuellen Muskelwiderstand in jedem Augenblick einer Bewegung ein. Der Wechsel verschiedener Muskelgruppen bei einem Bewegungsablauf führt zu wechselnden Kraft- und Geschwindigkeitsmomenten.

Beispiel:
Bei der seitlichen Hebung des Armes werden zuerst der M. deltoideus und der M. supraspinatus angespannt. Ab einer seitlichen Anhebung über 90 Grad über die Waagrechte, müssen die das Schulterblatt bewegenden Muskeln miteingesetzt werden. Je nach Zug- und Winkelverhältnissen können Muskeln unterschiedlich viel Kraft aufwenden und brauchen unterschiedlich viel Kraft, um die entsprechende Körperpartie zu bewegen. Ein gleichbleibender Widerstand könnte bei ungünstigen Winkelverhältnissen eine Bewegung zum Stocken bringen, die wenige Winkelgrade später wieder sehr leicht durchgeführt wird. In der isokinetischen Arbeit gibt der Behandler situationsadaptiert einen wechselnden Widerstand, der so weit nachgibt oder zunimmt, daß die Bewegung immer im Fluß bleibt.

1.1.2.4 Bewegungsbahnung

▶ Jeder Bewegung geht reflektorisch oder bewußt eine nervale Bahnung und Koordination voraus (Pyramidal-, Extrapyramidalmototrik, Muskel-Sehnenreflexe).

Bei Klienten mit chronischen Bewegungseinschränkungen wird die Anwendung isotonischer und isometrischer Techniken oft dadurch erschwert, daß diese Bewegungsabläufe im ZNS kaum mehr gebahnt sind.
Durch Mangel an Bahnung haben selbst muskelstarke Menschen im angesprochenen Muskel kaum Kraft. Dem Behandler kann dabei ein frustranes Faszikulieren oder die begleitende übermäßige Anspannung der Rumpfmuskulatur auffallen. Hier empfiehlt es sich, den Klienten mehrfach passiv durch die gewünschte Bewegung zu führen.
Nach dieser Vorbahnung des Bewegungsablaufes ist in der Regel die vom Klienten einsetzbare Muskelkraft größer. Jetzt kommt die eigentliche Behandlung unter Mitarbeit des Klienten zum Einsatz.

1.1.2.5 Konzentrische Muskelarbeit

▶ ist die Anspannung eines Muskels, die mit einer Muskelverkürzung einhergeht.

Beispiel:
Verkürzung des Biceps bei aktiver Beugung des Armes.

1.1.2.6 Exzentrische Muskelarbeit

▶ ist die Muskelarbeit gegen eine Dehnung mit Längerwerden des Muskels.

Beispiel:
Beim Laufen bzw. Joggen müssen sich nach jedem Absprung beim Aufkommen der Quadriceps und die Wadenmuskulatur kontrolliert gegen Widerstand dehnen, um ein »Zusammenbrechen« zu verhindern.

▷ Wichtig: Der Muskel hat bei der exzentrischen Arbeit 10–15% mehr Kraft als bei der konzentrischen Muskelarbeit!

1.1.2.7 Agonisten – Antagonisten

► Agonist ist der aktive Muskel, Antagonist sein Gegenspieler.

Die klassische isometrische Behandlung arbeitet mit dem Agonisten mit einer über einige Zeit gehaltenen maximalen Anspannung. Durch Ermüdung des Muskels kommt es anschließend zu einer vermehrten passiven Dehnbarkeit des Muskels.

Nachteile der Behandlung über Anspannung des Agonisten:
◄ der große Kraftaufwand für den Behandler,
◄ die Gefahr der Verspannung/Verzerrung und damit Verletzung,
◄ die mangelnde neurophysiologische Bahnung der eingeschränkten Bewegung.
▷ Die maximale Muskelanspannung des Agonisten führt zu einer reflektorischen Tonussteigerung der Antagonisten, um bei plötzlicher Aufhebung des Widerstandes überschießende Bewegungen zu verhindern.
▷ Anders ist die Situation für die *neuromuskuläre Facilitation* von JANDA und die *PIR-Techniken* der manuellen Therapie, wie sie von J. BUCHMANN in dem Buch »Weiche Techniken in der Manuellen Medizin« vorgestellt werden. Unter Anwendung minimaler Kraft und damit ohne Verletzungsrisiko arbeitet der Behandler unter Nutzung neuromuskulärer Reflexmechanismen gegen die Blockierung, also gegen den Agonisten = kontrakten Muskel, mit einer direkten Technik.
▷ Den umgekehrten Weg bei der Arbeit des Therapeuten in die für den Klienten freie Richtung des Klienten mit Anspannung der Antagonisten geht die *Ortho-Bionomy®*.
▷ Dadurch, daß der Behandler mit minimaler Kraft gegen den leichten Widerstand des Klienten in die für den Klienten freie Richtung arbeitet, werden die Antagonisten angespannt und die Agonisten entspannt.

Einen vorsichtig dosierten Krafteinsatz vorausgesetzt (siehe oben), wird auch die γ-Innervation deutlich gehemmt. Besonders wirksam ist eine neuromuskuläre Bahnung der *Spannungsminderung* durch isotonisch-exzentrische Techniken.

1.1.3 Grundregeln der isometrisch-isotonischen Behandlung der Ortho-Bionomy®

Im Seitenvergleich prüfen

Die Prüfung der Beweglichkeit erfolgt im Seitenvergleich. Bei einer absoluten oder relativen Bewegungsbeeinträchtigung arbeitet der Behandler immer in die *für den Klienten freie Richtung.*

Schonende Ausgangslage

Die Behandlung darf *nicht unangenehm, schmerzhaft* oder *beängstigend* sein, um keine Schutzreflexe auszulösen, die der muskulären Relaxation entgegenstehen.
Als Ausgangslage der Behandlung empfiehlt sich deswegen die *Neutral-* bzw. *Indifferenzhaltung* oder eine Position, die bereits etwas in die freie Bewegung hineinweist, z. B. der $^2/_3$-Weg in die Blockierung (noch $^1/_3$ freie Wegstrecke).

Dosierung des Kraftaufwandes

Die in der *Ortho-Bionomy®* angewandten Kräfte sind nur so groß, daß sie überschwellig vom Klienten klar wahrgenommen werden können – es geht nicht um Muskelermüdung, sondern um eine Information im Reflexbogen.
Der Behandler muß auf den Unterschied zwischen Anspannung und Verspannung achten. Der Kraftaufwand des Klienten muß so dosiert sein, daß eine *leichte, aber deutliche Muskelspannung* spürbar wird. Ausweichbewegungen und Unterstützungsbewegungen, z. B. die Verstärkung der Lendenlordose oder das Anheben der gegenseitigen Schulter sind ebenso Zeichen einer Verspannung wie das Zittern eines übermäßig angespannten Muskels.

Bewegungsbahnung fördern

Spannungszittern oder das *Zahnradphänomen* bei minimalem Kraftaufwand sind Zeichen einer *mangelnden Bewegungsbahnung.* Um diese zu bessern, kann der Behandler den Klienten einige Male passiv durch eine Bewegung hindurchführen.
Anschließend wird mit zunehmendem Widerstand gegen diese Bewegung gearbeitet. So wird die Bahnung und die Selbstwahrnehmung beim Klienten verbessert.

Wahl der bestmöglichen Technik

Soll mit der konzentrischen, exzentrischen oder isometrischen Technik gearbeitet werden?

▶ Mehrheitlich erzielt die **exzentrische Technik** die besten Erfolge. Dabei bewegt der Behandler den Klienten tatsächlich in dessen *freie Richtung.*

Vorteile:

- Die exzentrische Anspannung der Gegenspieler entspannt die verkürzte Muskulatur optimal.
- Der die Bewegung führende Therapeut kann besser die Kraft des Widerstandes kontrollieren und schließt damit eine mögliche Verletzung aus.
- Leichte Erkennbarkeit der Arbeitsrichtung für den Klienten.

Exzentrisch/konzentrisch im Wechsel:
Besonders geeignet bei der Behandlung sehr beweglicher Gelenke z. B. Knie oder Ellbogen. Die Arbeitsrichtung des Behandlers bleibt immer gleich, mal schiebt er, mal gibt er nach.

Vorteile:

- Verbesserung der Bahnung einer Bewegung.
- Das Gelenk wird gut durchbewegt.

Häufigkeit der Anwendung

Die Bewegungsabläufe werden immer 4–6 mal durchgeführt. Danach vorsichtige Kontrolle des aktuellen Bewegungsausmaßes.
Die Übung kann mehrfach täglich mit Hilfe eines Angehörigen durchgeführt werden.

1.1.4 Übersicht über Muskelenergietechniken und orthobionomische Techniken

Da die *Orthobionomy* im Gegensatz zu anderen Schulen mehr mit den *Antagonisten*, weniger mit den Agonisten arbeitet (siehe »Agonist und Antagonist«) und es immer wieder zu Unklarheiten kommt, werden die Prinzipien der osteopathischen Muskelenergietechnik/PIR-Technik der orthobionomischen Behandlung in einer Tabelle gegenübergestellt. In der Praxis hat sich beides bewährt. Wenn ein Ansatz nicht zum Erfolg führt, tut dies gelegentlich der umgekehrte Weg.

Muskelenergietechniken (PIR)		**Ortho-Bionomy®**	
1.	Korrekte strukturelle Diagnose	1.	Primär funktionelle Prüfung und Palpation
2.	in allen drei Ebenen Bewegungsbeginn an der Einschränkung	2.	Beginn in Indifferenzhaltung oder ca. $\frac{2}{3}$ in freier Richtung
3.	meist isometrisch, isotonisch nur bei zu starker Klientenarbeit	3.	eher isotonisch/isokinetisch
4.	Patient bewegt sich gegen Widerstand des Therapeuten in die freie Richtung	4.	Therapeut arbeitet in die freie Richtung gegen Widerstand des Klienten
5.	Arbeit mit minimaler Kraft	5.	Arbeit mit minimaler Kraft
6.	Dauer 3–5 Sekunden	6.	Dauer 3–10 Sekunden
7.	Völlige Entspannung nach Übung	7.	Völlige Entspannung nach Übung
8.	Befundkontrolle/Wiederholung	8.	Befundkontrolle/Wiederholung

1.2 Untersuchung und Behandlung

1.2.1 Becken-Hüft-Region

Die Stellung des Beckenrings und die Beweglichkeit der Hüftgelenke sind weitgehend von den großen Muskelmassen abhängig, die diese Strukturen halten und führen. Manualtherapeutische Manipulationen bei ISG-Blockaden oder einer Beckenverwringung bedürfen oft der zusätzlichen Behandlung der Muskulatur um eine anhaltende Beschwerdelinderung zu erreichen. Durch die freie und harmonisch abgestimmte Beweglichkeit der Oberschenkel- und Beckenmuskulatur gewinnen unsere Klienten Bewegungsfreiheit und entlasten die so häufig schmerzende Lumbalregion.

1.2.1.1 Abduktionshemmung der Oberschenkel (Grätschhemmung)

A. Untersuchung bei gestreckten Beinen in Rückenlage

Der Behandler steht neben der Liege und umfaßt mit einer Hand das Bein des Klienten knapp proximal des Knöchels. Die andere Hand fixiert das Becken über den vorderen Darmbeinstachel auf der Unterlage. Jetzt wird das Bein gestreckt nach lateral geführt bis sich ein deutlicher Widerstand aufbaut oder das fixierte Becken mitwandert. Im Wechsel wird dann das zweite Bein verglichen.

Zur **Groborientierung** genügt das einseitige Abduzieren eines Beines durch den Behandler, der am Fußende der Liege steht und bei der Prüfung auf den zunehmenden Widerstand gegen die Bewegung und auf Ausweichbewegungen des Beckens achtet.

▷ Beurteilt wird die relative und absolute Abduktionsfähigkeit.

Zeichenerklärung: ➤ Bewegungsrichtung Therapeut
→ Bewegungsrichtung Klient

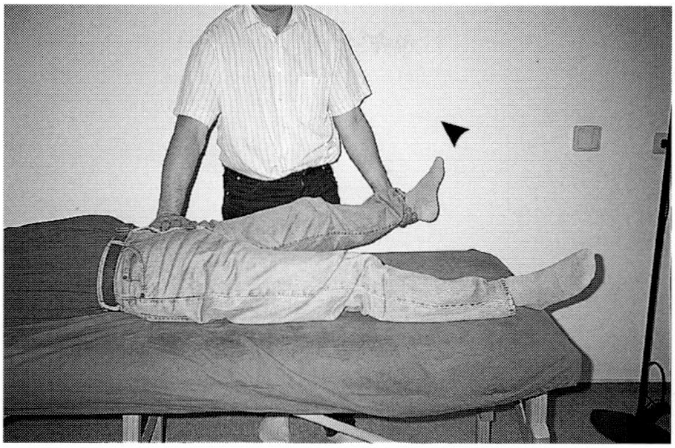

Abb. 25
Abduktionsprüfung des Beines.

B. Behandlung »Die Schere« – exzentrische Technik in Rückenlage

Die Beine liegen entspannt, leicht abduziert, nebeneinander. Der Behandler umfaßt das Bein der Behandlungsseite proximal des Knöchels, hebt es leicht an und beginnt eine Scherbewegung in Richtung des anderen Beines, nachdem er den Klienten aufgefordert hat, leichten Widerstand zu geben.

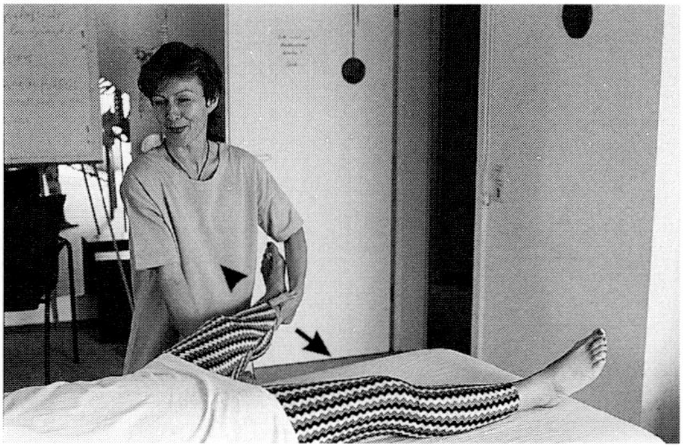

Abb. 26
Orientierende Prüfung der Adduktionshemmung.

C. »Schere« – exzentrisch-konzentrische Technik in Rückenlage

Aus der Endstellung der exzentrischen Behandlung kann der Klient sein Bein mit konzentrischer Arbeit gegen leichten Widerstand in die Ausgangsstellung zurückbewegen und von hier aus wieder exzentrisch behandelt werden. Der Bewegungsimpuls des Behandlers in die freie Richtung bleibt gleichgerichtet!

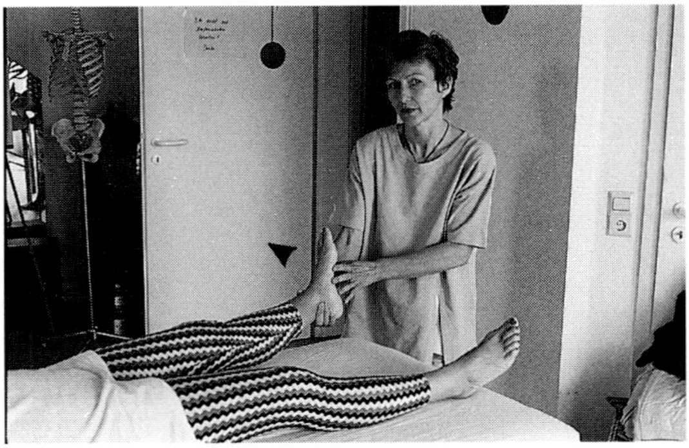

Abb. 27
Exzentrische Behandlung der Abduktionseinschränkung.

1.2.1.2 Adduktionshemmung

A. Untersuchung bei gestrecktem Bein in Rückenlage

Der Behandler steht neben der Liege und fixiert das Becken auf seiner Seite auf der Unterlage. Das Bein der Gegenseite führt er in einer Scherbewegung über das fixierte Bein weg zu sich hin. Anschließend prüft er das andere Bein im Seitenvergleich.
Eine orientierende Untersuchung ist auch vom Liegenende aus möglich.

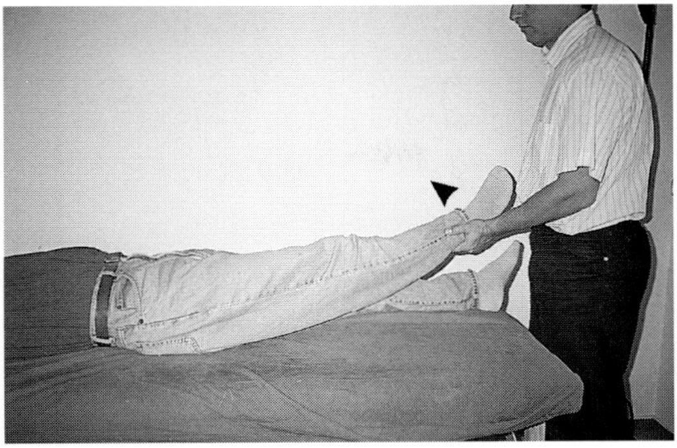

Abb. 28 Globale Abduktionsprüfung.

B. Behandlung: Exzentrische Technik in Rückenlage

Die Beine liegen nebeneinander. Der Behandler steht am Liegenende und umfaßt das zu behandelnde Bein proximal des Knöchels. Dann bewegt er dieses Bein gegen leichten Widerstand des Klienten nach außen.

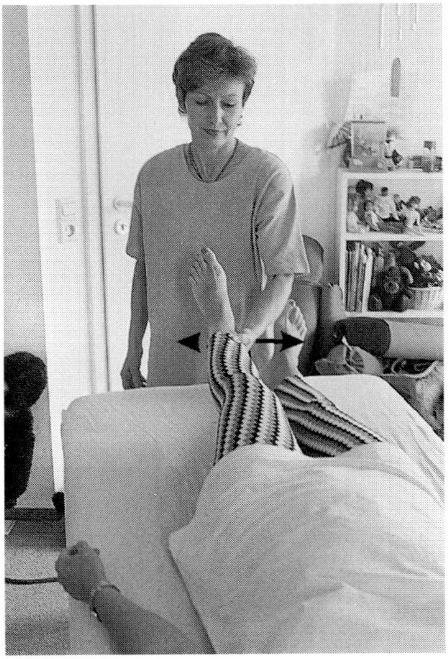

Abb. 29 Exzentrische Therapie der Adduktionseinschränkung.

C. Wechselnd exzentrisch-konzentrische Behandlung in Rückenlage

▷ Analog zur Behandlung der Abduktionshemmung.

1.2.1.3 Abduktions-Außenrotationseinschränkung bei angewinkeltem Hüftgelenk

A. Untersuchung mit aufgestelltem Fuß in Rückenlage

Der Behandler steht neben der Liege, fixiert das Becken auf seiner Seite auf der Unterlage (Bein gestreckt) und läßt das Knie des angewinkelten Beines der Gegenseite langsam nach außen sinken. Seitenwechsel und Vergleich von Schmerzangaben und Beweglichkeit. Orientierend ist eine Untersuchung mit beidseits aufgestellten Füßen möglich, bei der der Behandler die Knie beidseits leicht mit den Handflächen abstützt und langsam nach außen sinken läßt.
Die Seitendifferenz der Beweglichkeit kann ein Hinweis für eine **funktionelle Blockierung des ISG** sein. Ein harter Anschlag weist auf eine **Coxarthrose** hin.

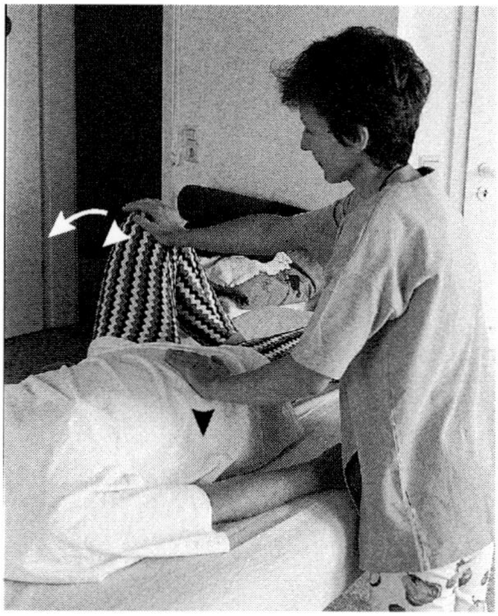

Abb. 30 Prüfung der Abduktions-Außenrotationseinschränkung, einseitig, bei angewinkelter Hüfte.

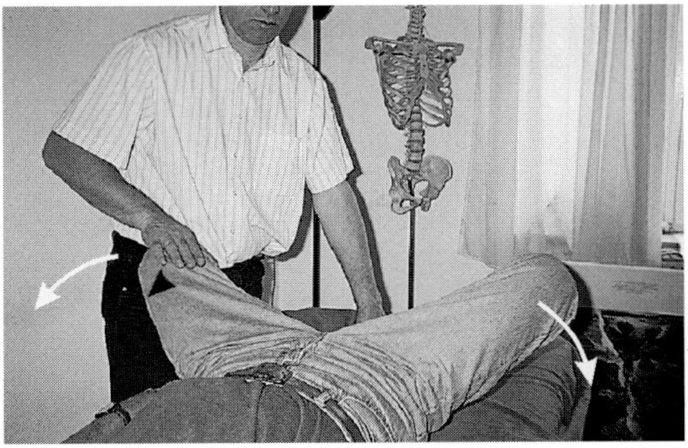

Abb. 31 Globale Prüfung der Abduktion-Außenrotation, beidseits, bei aufgestellten Füßen.

B. Exzentrische Behandlung der Abduktions-Außenrotationshemmung, einseitig in Rückenlage

Der Behandler steht gegenüber der Behandlungsseite am Liegenrand, der Klient liegt am Rand der Liege und hat beide Beine aufgestellt. Das Knie des freien Beines ist vom Rumpf oder einer Hand des Behandlers in der Vertikalen gestützt. Das Knie des zu behandelnden Beines ist nach außen gesunken und wird sanft gegen einen Widerstand des Klienten zur Mitte geführt. Wechsel von exzentrischer Arbeit und konzentrischer Arbeit möglich.

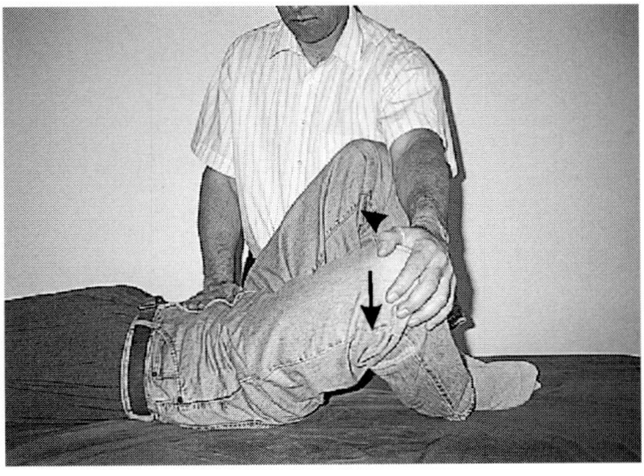

Abb. 32 Exzentrische Behandlung der Abduktions-Außenrotationseinschränkung im gebeugten Hüftgelenk.

C. Globale isometrische Behandlung der Abduktions-Außenrotationseinschränkung bei gebeugtem Hüftgelenk, beidseitig

Der Behandler tritt von der Seite an den Patienten heran, umfaßt mit beiden Armen die Knie des Klienten und fordert diesen auf, die Beine zu spreizen. Der Behandler arbeitet also Richtung Adduktion, der freien Richtung des Klienten. Nach einer sanften, aber deutlichen Muskelanspannung über 5–6 Sekunden soll der Patient völlig entspannen. Mehrfach wiederholen.

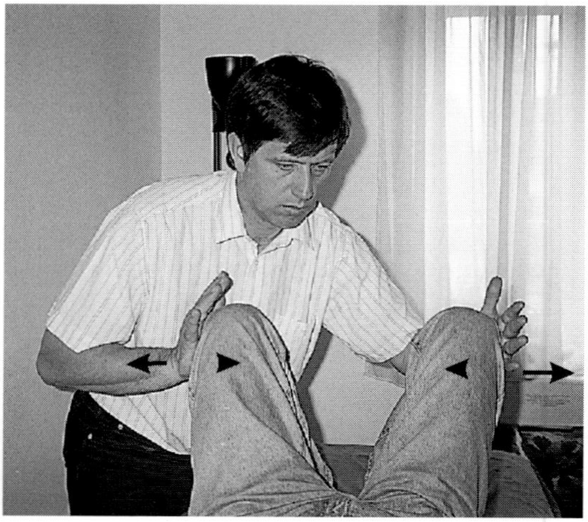

Abb. 33b Isotonisch-exzentrische Behandlung.

Abb. 33a Isometrische Behandlung.

1.2.1.4 Adduktions-Innenrotationshemmung bei gebeugtem Hüftgelenk

A. Untersuchung mit aufgestelltem Fuß bei Rückenlage

Das zu prüfende Bein wird angewinkelt, der Fuß steht auf der Unterlage möglichst nah am Po, das Knie zeigt zur Decke.
Der Behandler fixiert das Becken des Klienten über den vorderen oberen Darmbeinstachel auf der Unterlage. Dann läßt er langsam das Bein zur Gegenseite sinken. Der Kontakt mit dem Becken ermöglicht es, frühzeitig die Begleitbewegungen des Beckens beim Ende der freien Adduktion zu spüren. Seitenvergleich.

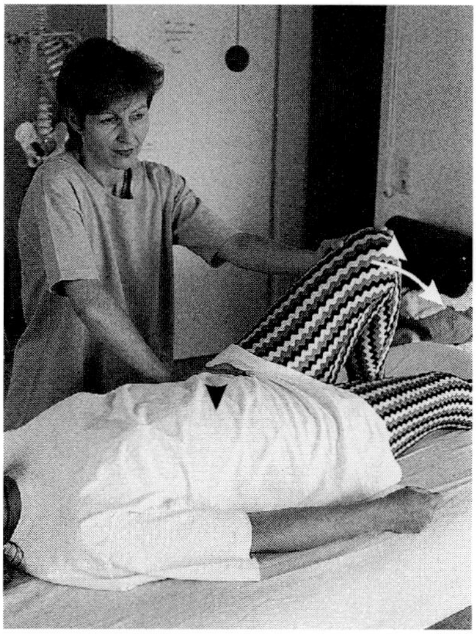

Abb. 34 Prüfung der Adduktion-Innenrotation bei aufgestelltem Fuß.

B. Behandlung: Exzentrisch isotonische Technik

Stellung analog 1.2.1.3/B. Die Füße sind beidseits aufgestellt, das Knie der freien Seite wird leicht abgestützt und das Knie der zu behandelnden Seite sanft gegen den Widerstand des Klienten nach außen geführt. Wechsel von exzentrischer und konzentrischer Arbeit ist möglich.

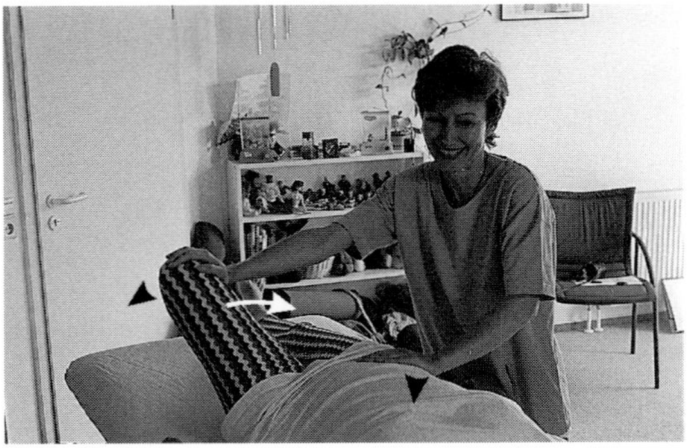

Abb. 35 Behandlung der Adduktions-Innenrotationshemmung bei gebeugtem Hüftgelenk.

C. Globale isometrische Behandlung der Adduktions-Innenrotationshemmung bei beidseits gebeugten Hüftgelenken

Der Behandler legt seine Hände über Kreuz an die Innenseiten der Knie der beidseits aufgestellten Beine des Klienten, stützt sich gegebenenfalls mit den Ellenbogen an der Gegenseite ab und fordert den Klienten auf, die Knie sanft zueinander zu führen.

◀ Achtung, bei dieser Übung kann die Schambeinfuge gedehnt werden!

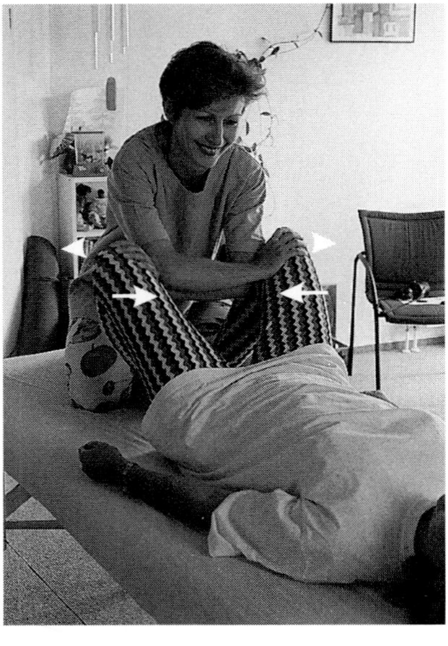

Abb. 36 Globale isometrische Behandlung der Adduktions-Innenrotationshemmung bei beidseits gebeugten Hüftgelenken.

1.2.1.5 Rotationsfehlstellung und -einschränkung im Hüftgelenk

A. Rotationsfehlstellung bei gestrecktem Bein

a) Untersuchung in Rückenlage

Im Seitenvergleich wird die spontane Rotationslage der Beine (Orientierung an Knien und Füßen) registriert. Üblich ist bei Männern eine Außenrotationsstellung der Füße in Rückenlage bis 45°, bei Frauen bis 30°. Seitendifferenzen beachten! Veränderungen im Knie und Sprunggelenk können den Befund verfälschen.
Nach Inspektion beidseits passive Innen- und Außenrotationsprüfung der Beine. Der Therapeut hebt die Beine knapp proximal der Knöchel leicht von der Unterlage ab und führt eine Innen- und Außenrotation durch.

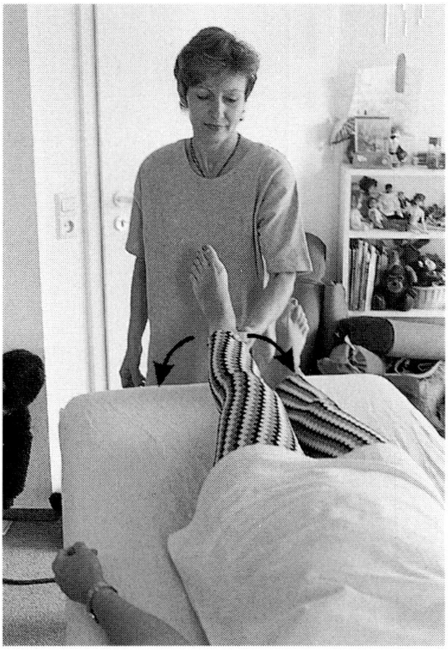

Abb. 37 Untersuchung in Rückenlage.

b) Einfache exzentrische Behandlung in Rückenlage

Der Behandler umfaßt, ausgehend von der 0 °–15 °-Lage, mit beiden Händen das zu behandelnde Bein am Oberschenkel und dreht es gegen den Widerstand des Klienten in die freie Richtung.

B. Rotationseinschränkung des Hüftgelenks im Sitzen

a) Untersuchung der Rotationseinschränkung im Sitzen

Der Klient sitzt auf der Liege. Den Unterschenkel eines Beines schlägt er über das Knie des anderen Beines – Seitenwechsel. Im Seitenvergleich zeigen sich Unterschiede in der Rotationsfreiheit.

b) Behandlung der Innenrotationshemmung des Hüftgelenks im Sitzen – isometrisch oder exzentrisch

Der Klient hat den Unterschenkel des zu behandelnden Beines über das Knie der Gegenseite geschlagen. Der Behandler arbeitet in Richtung Außenrotation (freie Richtung), indem er Knie und Gegenschulter auseinanderhält bzw. auseinanderführt, während der Klient beide zusammenbringen will.

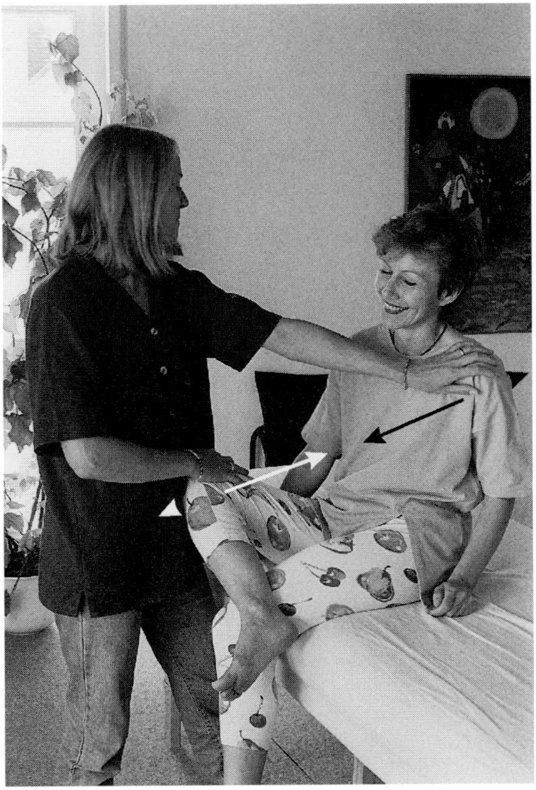

Abb. 38
Behandlung der Innenrotationshemmung des Hüftgelenks im Sitzen.

c) Behandlung der Außenrotationshemmung des Hüftgelenks im Sitzen, isometrisch oder exzentrisch

Ausgangshaltung wie bei b). Der Behandler nähert Knie und Schulter einander an, während der Klient versucht, sich weiter »aufzuklappen«.

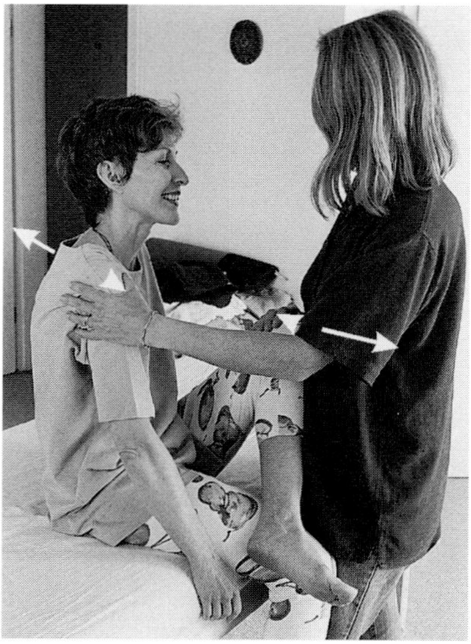

Abb. 39 Behandlung der Außenrotationshemmung im Sitzen.

C. Rotationseinschränkung bei gebeugtem Hüftgelenk und angewinkeltem Knie in Rückenlage

a) Untersuchung in Rückenlage

Der Klient winkelt die Hüfte mit 90 ° an. Der Behandler stützt das Bein des Klienten mit einer Hand auf dem auf 90 ° angewinkelten Knie, die andere Hand unterstützt den Unterschenkel knapp proximal des Knöchels. Prüfung der Innen- und Außenrotation des Oberschenkels. Seitenvergleich.

b) Behandlung der Innen- und Außenrotationseinschränkung des Oberschenkels bei gebeugter Hüfte

Der Behandler führt aus einer Indifferenzposition den Unterschenkel des Klienten gegen dessen leichten Widerstand in die jeweils freie Richtung.

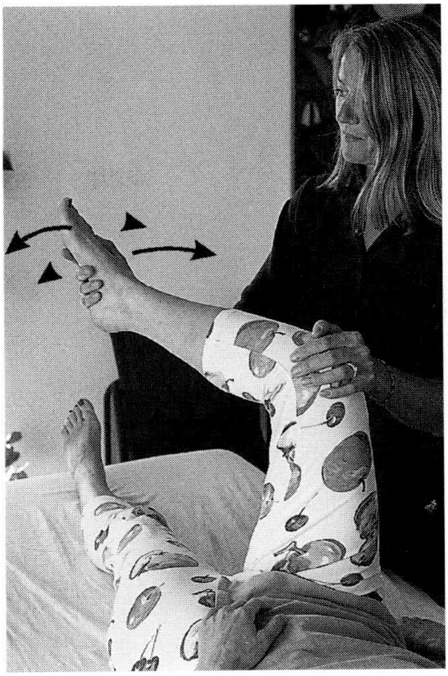

Abb. 40 Behandlung der Innen- und Außenrotationseinschränkung des Oberschenkels bei gebeugter Hüfte.

D. Rotationseinschränkung im Hüftgelenk bei gestrecktem Bein in Bauchlage

a) Untersuchung

Die Knie des Klienten sind angewinkelt. Der Therapeut hält die Unterschenkel proximal der Knöchel. Abwechselnd wird über die Adduktion/Abduktion der Unterschenkel die Innenrotation und Außenrotation in der Hüfte geprüft. Seitenvergleich von Bewegungsausmaß und Endanschlag.

b) Behandlung

Die Behandlung erfolgt durch Bewegen des Unterschenkels in die freie Richtung gegen leichten Widerstand des Klienten.

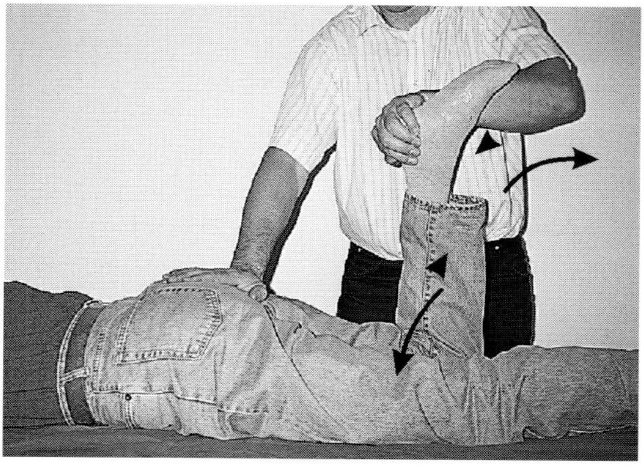

Abb. 41
Behandlung der Innen- und Außenrotationseinschränkung der Hüftgelenke bei gestreckten Beinen in Bauchlage.

1.2.1.6 Beugehemmung im Hüftgelenk

A. Untersuchung in Rückenlage mit gestreckten Beinen

Der Behandler steht seitlich der Liege und hebt das durch leichten Druck auf die Kniescheibe in Streckung fixierte Bein an. Zunehmender Widerstand, Ausweichbewegungen des Beckens oder das unwillkürliche Anwinkeln des Kniegelenkes signalisieren das Ende der freien Beweglichkeit. Ein harter Endanschlag ist Hinweis auf eine Coxarthrose. Seitenvergleich. Bei freier Beweglichkeit kann das Bein leicht bis ca. 90 ° angehoben werden.

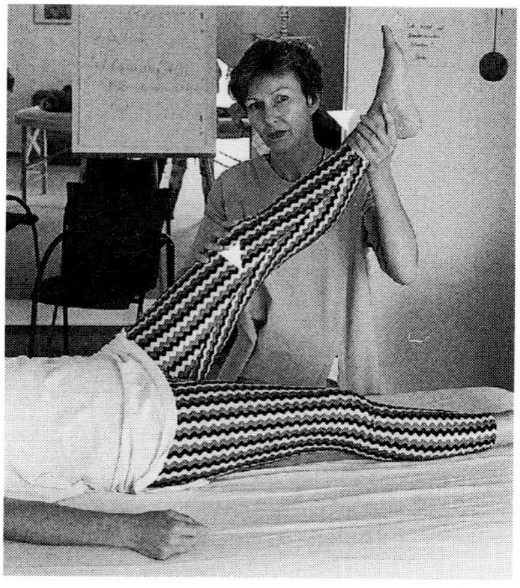

Abb. 42 Untersuchung der Beugehemmung im Hüftgelenk.

B. Behandlung in Rückenlage

Großer Klient – kleiner Behandler

Der Behandler sitzt auf der Liege und legt sich den Unterschenkel des zu behandelnden Beines abgewinkelt auf die Schulter. Der Oberschenkel steht damit in einem Winkel von 60–90 ° zur Unterlage. Mit beiden Händen umfaßt der Therapeut den Oberschenkel dicht proximal des Knies. Durch Zug am Knie gegen leichten Widerstand des Klienten und Rückpendeln seines Oberkörpers gibt der Behandler einen Bewegungsimpuls in die freie Richtung.

Bei relativ großen Behandlern

Der Behandler steht auf Höhe des Knies neben der Liege, umfaßt mit einem Arm den Unterschenkel, legt die andere Hand auf das Knie des Klienten und gibt einen Bewegungsimpuls in die freie Richtung (fußwärts), gegen den der Klient einen leichten Widerstand gibt.

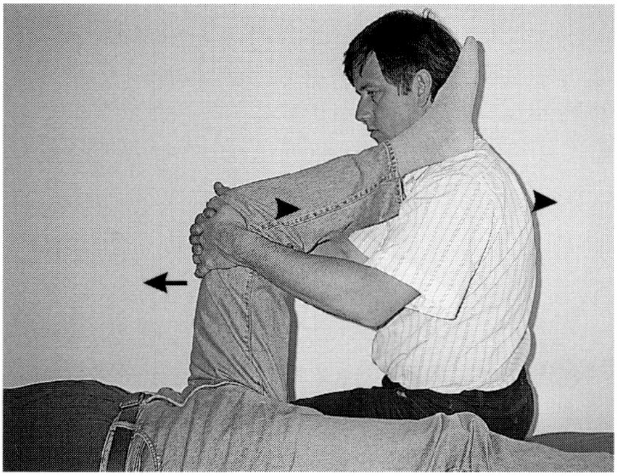

Abb. 43
Behandlung der Beugehemmung im Hüftgelenk.

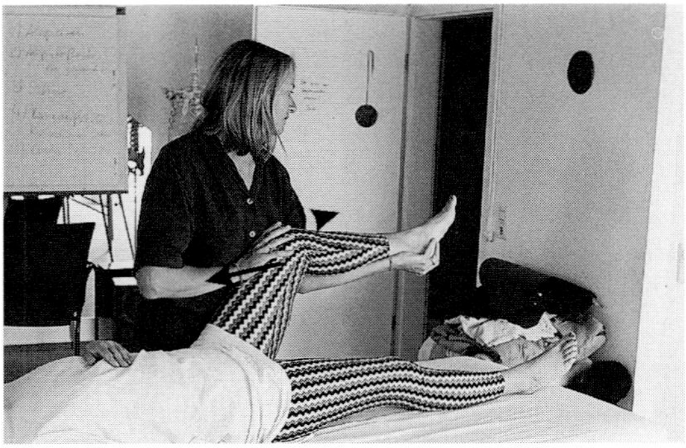

Abb. 44 Behandlung der Beugehemmung im Hüftgelenk.

1.2.1.7 Streck- und Überstreckhemmung im Hüftgelenk (Verkürzung der Flexoren)

A. Untersuchung in Rückenlage (M. iliopsoas und M. rectus femoris)

Der Klient liegt entweder so am Liegenende, daß das Becken noch gerade auf der Unterlage ruht, oder so am Rand der Liege, daß das zu prüfende Bein seitlich herabhängen kann. In beiden Fällen wird das andere Bein vom Patienten im Knie abgewinkelt und Richtung Brust gezogen. Bei einer Verkürzung des M. iliopsoas wird bei dieser Bewegung der herabhängende Oberschenkel deutlich mit nach oben gezogen. Bei Beteiligung des M. rectus femoris wird außerdem der Unterschenkel mit gestreckt und hängt nicht locker zum Boden hin.

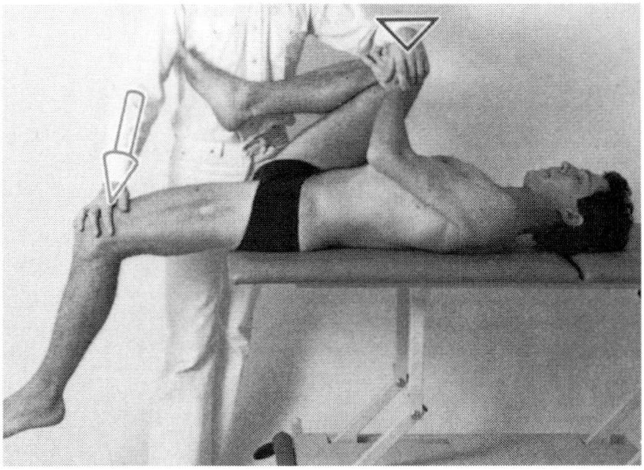

Abb. 45 Untersuchung der Streckhemmung im Hüftgelenk.

B. Behandlung in Rückenlage

Die Ausgangslage gleicht der Grundposition zur Behandlung der Beugehemmung. Unterschied: Der Oberschenkel wird aus einer mehr gestreckten Haltung gegen den Widerstand des Patienten bauchwärts geführt (freie Richtung des Patienten). Günstig ist in der Regel eine leichte Außenrotation des Oberschenkels, der Unterschenkel zeigt dabei nach innen. Dabei tritt die maximale Entspannung des Iliopsoas auf, während seine Antagonisten in der ischiocruralen Muskulatur exzentrisch belastet werden.

Abb. 46
Behandlung der Streckhemmung im Hüftgelenk.

1.2.1.8 Beugehemmung im Kniegelenk

A. Untersuchung in Bauchlage

Beim Klienten werden beide Unterschenkel gleichzeitig Richtung Oberschenkel gebeugt. Bei freier Beweglichkeit berühren die Fersen die Pobacken. Seitenvergleich.

Vorsicht: Bei forciertem Federn der Fersen Richtung Pobacken kann bei Patienten mit verkürztem Quadrizeps die Hohlkreuzhaltung im lumbosakralen Übergang verstärkt und dadurch ein länger anhaltender Schmerz ausgelöst werden. Unbedingt die Bewegung des Beckens beobachten!

Abb. 47
Untersuchung der Beugung im Kniegelenk in Bauchlage.

B. Behandlung der Beugehemmung am Knie

Auf der eingeschränkten Seite wird mit einer Hand der Oberschenkel auf der Unterlage fixiert und mit der anderen Hand der Unterschenkel aus der 90 °-Position gegen den exzentrischen Widerstand in die Streckung geführt (freie Richtung des Patienten).

Abb. 48
Behandlung der Beugehemmung im Knie.

1.2.1.9 Streckhemmung im Kniegelenk

A. Untersuchung in Rückenlage

Der Behandler hebt das Bein des Klienten am Knöchel etwas an und übt mit der anderen Hand einen sanften, federnden Druck auf die Kniescheibe in Richtung Liege aus. Beurteilt werden Streckung, Überstreckung und Anschlag. Seitenvergleich.

B. Behandlung in Bauchlage

Das Bein des Klienten wird im Knie angebeugt (ca. 90 °) und die Ferse gegen leichten Widerstand Richtung Po geführt.

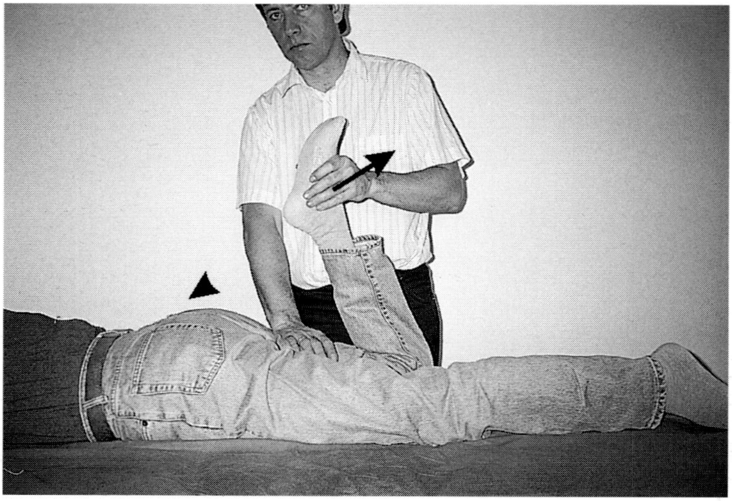

Abb. 49 Behandlung der Streckhemmung im Kniegelenk.

1.2.2 Schulter- und Armregion

Beweglichkeit und Stabilität der Schulterregion sind weitgehend von muskulären und ligamentären Strukturen abhängig. Es ist einleuchtend, daß die manuelle Behandlung der Schulterregion die Muskulatur mit einbeziehen muß.
Für die Ellenbogengelenke ist wegen der Bewegungsausmaße und der langen Hebel die *muskuläre Balance* von ausschlaggebender Bedeutung.

1.2.2.1 Innen- und Außenrotation des Oberarmes in Adduktion

A. Untersuchung im Sitzen oder Liegen

Der Klient legt die Oberarme seitlich am Körper an und führt bei in 90 ° angewinkelten Unterarmen eine Innen-, dann Außenrotation der Oberarme durch. Durch den großen Bewegungsausschlag der Unterarme sind Seitendifferenzen leicht zu erkennen.

B. Behandlung

Der Behandler fixiert mit einer Hand den Oberarm leicht am Rumpf oder auf der Liege (beim liegenden Klienten) und umgreift mit der anderen Hand das Handgelenk der zu behandelnden Seite. Aus der Indifferenzposition bewegt er den Unterarm des Klienten gegen dessen leichten Widerstand in die freie Richtung (exzentrische Arbeit). Er kann dann gegen den Klienten etwas nachgeben (konzentrische Arbeit), bis er die Indifferenzposition wieder erreicht hat. Mehrfach wiederholen, anschließend Bewegungsprüfung.

1.2.2.2 Innen- und Außenrotationseinschränkung des Oberarms in Abduktion

A. Untersuchung im Sitzen

Der Therapeut steht hinter dem Klienten. Dieser abduziert die Oberarme auf 90 ° und hält sie zusätzlich minimal nach vorne abgewinkelt. Der Therapeut unterstützt beidseits die Oberarme proximal des Ellenbogengelenkes. Aus dieser Ausgangslage werden beide Arme gleichzeitig geprüft. Beurteilt wird im Seitenvergleich und absolut das Ausmaß der aktiven Innen- und Außenrotation bei angewinkelten Unterarmen.

- ▶ Normalbefund bei Außenrotation: etwas über 90 ° aus der Waagrechten.
- ▶ Normalbefund bei Innenrotation: knapp unter 90 ° aus der Waagrechten.

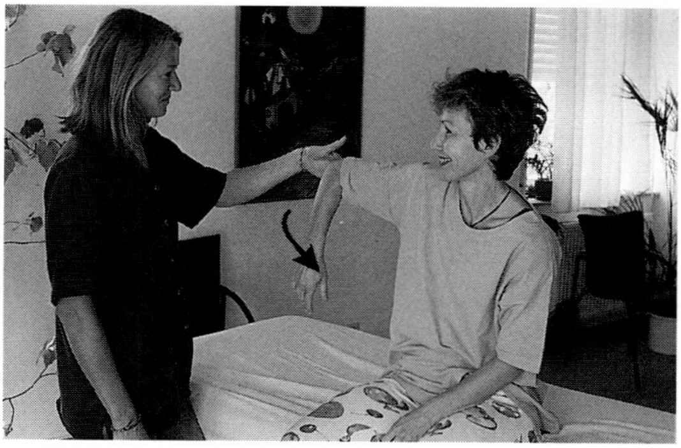

Abb. 50 Einseitige Untersuchung der Innenrotation des Oberarms in Abduktion.

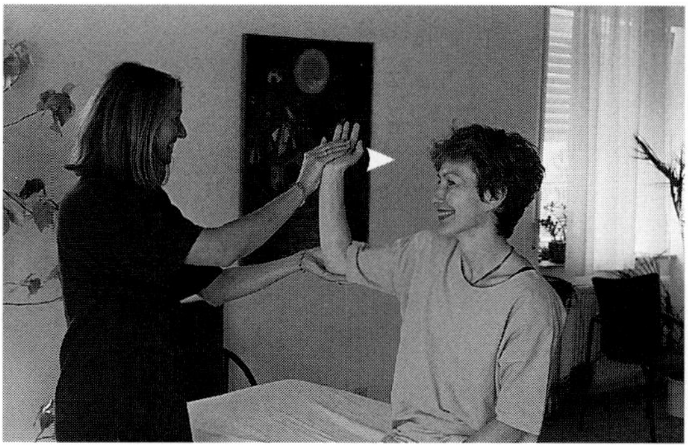

Abb. 51 Einseitige Untersuchung der Außenrotation in Abduktion.

B. Behandlung der Innenrotationshemmung

Der Therapeut unterstützt und fixiert mit einer Hand den seitlich auf 90 ° abduzierten Oberarm am Ellenbogengelenk und drückt exzentrisch die Hand des Klienten gegen dessen leichten Widerstand aus einer noch leicht möglichen Innenrotationslage in die Außenrotation. Mehrfach wiederholen, anschließend die Schulter sanft durchbewegen.

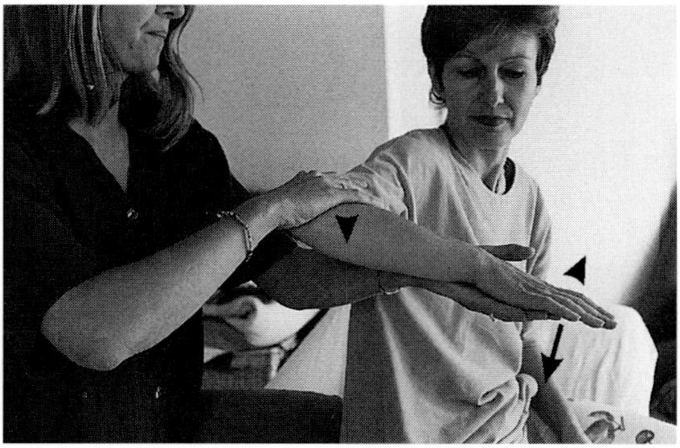

Abb. 52 Behandlung der Innenrotationshemmung in Abduktion.

C. Behandlung der Außenrotationsstörung

> Der Therapeut steht hinter dem Klienten und fixiert mit einer Hand den Ellenbogen. Die andere Hand greift unter dem seitlich mit 90 ° abduzierten, leicht nach vorne zeigenden Oberarm hindurch und umfaßt den Unterarm des Klienten proximal des Handgelenkes. Exzentrisch rotiert der Behandler den Unterarm des Klienten aus der Waagrechten gegen leichten muskulären Widerstand in die vermehrte Innenrotation. Der Unterarm und die Ellenbeuge des Behandlers dienen als Widerlager bzw. Stütze für diese Bewegung.

Abb. 53
Behandlung der Außenrotationshemmung in Abduktion.

1.2.2.3 Hochstand der ersten Rippe

Der Hochstand der ersten Rippe kann Schulterschmerzen mit pseudoradikulärem Charakter auslösen.

A. Untersuchung im Liegen

> Der Behandler läßt seine Daumen beidseits lateral am Hals nach caudal ins Halsdreieck zwischen Clavicula und M. trapezius gleiten. So trifft er auf den knöchernen Widerstand der 1. Rippe.
> Zunächst werden Höhendifferenzen registriert. Mit federndem Druck der Daumen palpiert der Behandler die ersten Rippen beidseits. Eine cranial stehende Rippe imponiert meist als druckdolent und rigide.

▷ Ausschlaggebend für die Behandlung ist mehr die *Schmerzangabe* als der Palpationsbefund.

B. Behandlung in Rückenlage – isometrisch oder konzentrisch

Der Klient winkelt seinen Ellenbogen an, so daß er zur Decke reicht. Der Behandler umfaßt den Ellenbogen, hält den Arm in dieser Position und fordert den Klienten auf, den Arm sanft Richtung Hüfte zu ziehen, hält den Widerstand oder gibt langsam nach. Diese Position wird einige Sekunden gehalten bzw. mehrfach wiederholt.

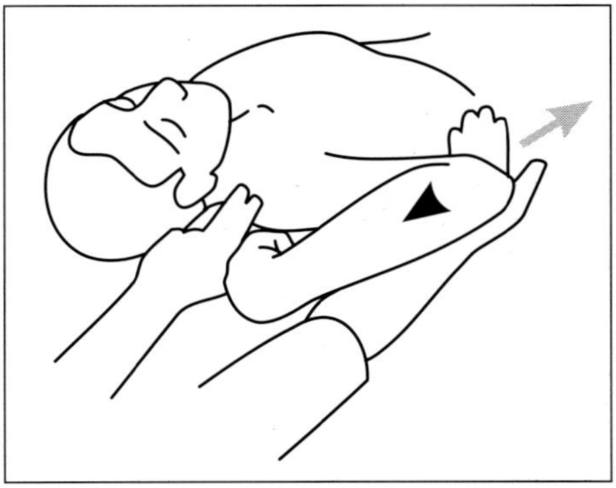

Abb. 54 Behandlung erste Rippe (isometrisch/konzentrisch).

C. Behandlungsvariante bei sehr muskelstarken Patienten (isometrisch)

Der Behandler faßt unter der Achsel des Klienten hindurch und umgreift mit der Hand die Liegenkante. Die Achsel des Klienten liegt in der in mindestens 90 ° angewinkelten Ellenbeuge des Behandlers. Jetzt wird der Klient aufgefordert, einige Sekunden die Schulter nach caudal (Richtung Hüfte) zu ziehen. Einige Male wiederholen, erneute Prüfung.

1.2.2.4 Ante- und Retroflexion des Armes im Schultergelenk

A. Untersuchung in Rückenlage

Der Klient liegt auf der Untersuchungsseite am Liegenrand, die Schulter ragt über den Liegenrand. Der Behandler unterstützt den Arm in der Horizontalen und läßt den Klienten den Arm aktiv heben und senken (ventral-dorsale Ebene). Bei starken Beschwerden kann die Prüfung auch vorsichtig passiv vorgenommen werden.

▶ Normwerte: Dorsal etwas über 90 °, ventral etwas über 180 °.

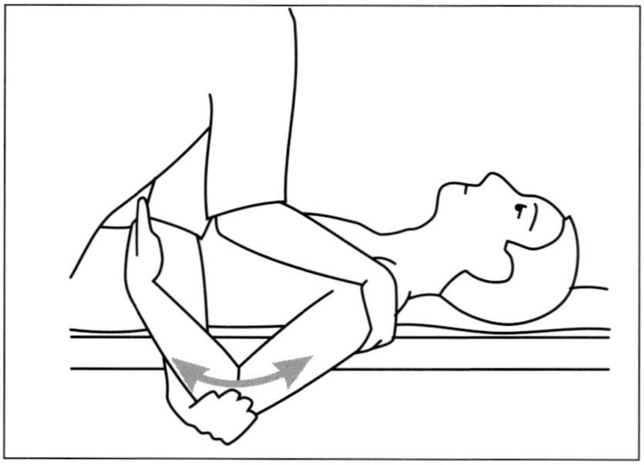

Abb. 55 Untersuchung der Vor- und Rückbeugung des Armes in Rückenlage.

B. Behandlung

Aus der Ausgangsposition bewegt der Behandler isotonisch-exzentrisch gegen leichten Widerstand den gestreckten Arm in die freie Richtung.
Bei schmerzhaften Reizzuständen im Schultergelenk empfiehlt sich die isometrische Technik. Der Behandler fixiert den Arm seitlich am Rumpf oder frei mit beiden Händen in einer angenehmen Position und gibt Widerstand in die freie Richtung, während der Klient Muskelarbeit in die gesperrte Richtung aufwendet.

1.2.2.5 Beuge- und Streckhemmung im Ellbogengelenk

A. Untersuchung in Rückenlage

Der Behandler führt eine passive Beugung und Streckung im Ellenbogengelenk durch. Beachtung von Seitendifferenzen in Bewegung und Anschlag und von spontanen Ausweichrotationsbewegungen.

B. Behandlung der Beugehemmung im Ellenbogengelenk

Der Behandler bewegt den Unterarm aus der 90 °-Winkelstellung in Suppinationshaltung gegen leichten Widerstand isotonisch-exzentrisch (und eventuell konzentrisch im Wechsel) in die freie Richtung.

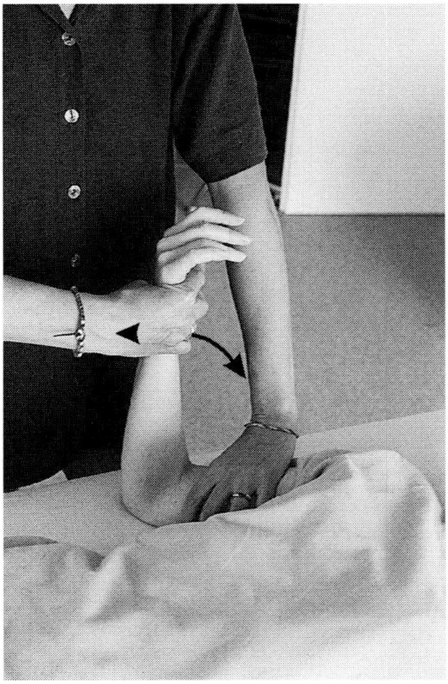

Abb. 56 Behandlung der Beugehemmung.

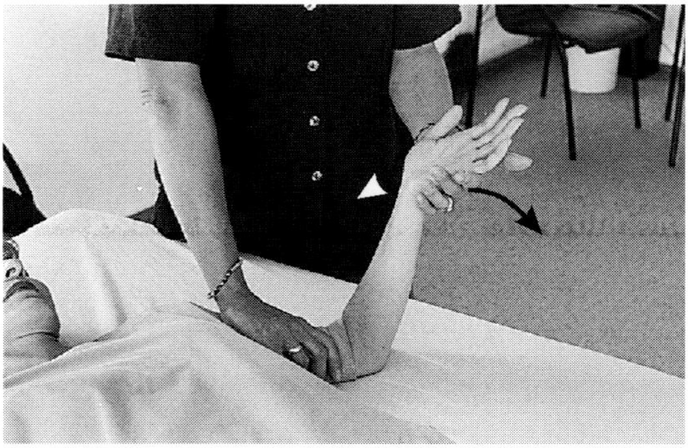

Abb. 57
Behandlung der Streckhemmung.

1.2.2.6 Pronations- und Suppinationshemmung

A. Untersuchung

Sitzend oder in Rückenlage wird der Patient aufgefordert, bei locker am Rumpf anliegenden Oberarmen die Unterarme mit 90° im Ellenbogen anzuwinkeln und gleichzeitig mit beiden Unterarmen zunächst eine Pronations-, dann eine Suppinationsbewegung zu machen. Beurteilt werden Bewegungsfluß und Bewegungsausmaß im Seitenvergleich.

B. Behandlung der Pronationseinschränkung

Aus der Indifferenzposition heraus dreht der Behandler den Unterarm des Klienten gegen leichten Widerstand in die Suppinationshaltung (exzentrische Arbeit) und dann anschließend gegen gleichbleibend leichten Widerstand zurück in die Indifferenzhaltung (konzentrische Arbeit). In beiden Fällen arbeitet der Behandler in die freie Richtung des Klienten – Richtung Suppination.

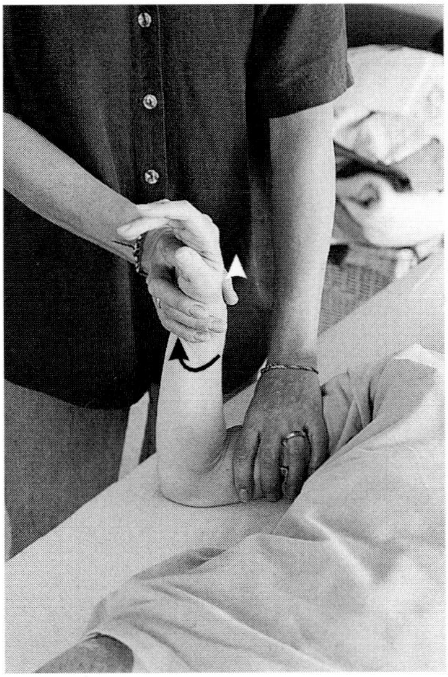

Abb. 58 Behandlung der Pronationseinschränkung des Unterarms.

C. Behandlung der Suppinationseinschränkung des Unterarms

Aus der Indifferenzposition dreht der Behandler den Unterarm des Klienten gegen leichten Widerstand in die Pronationslage (exzentrisch). Im Wechsel kann der Klient den Unterarm gegen Widerstand des Behandlers zurückbewegen (konzentrisch).

1.3 Schlußbemerkung

An diesen Therapiebeispielen wollte ich Ihnen exemplarisch das Grundprinzip der isometrisch-isotonischen Techniken in der Ortho-Bionomy® vorstellen. Unter Anwendung der eingangs erwähnten Grundprinzipien sind Sie eingeladen, für andere Muskelgruppen, z. B. bei Rotationseinschränkungen der HWS, Ihre eigenen Therapiewege zu finden.

IV. Methoden der Krankengymnastik und Bewegungstherapie

Thorsten Heß

Dieses Kapitel soll anhand der Dreiteilung in

Rückenschule | Sporttherapie | Krankengymnastik

aufzeigen, wie facettenreich Bewegung in der heutigen Medizin eingesetzt wird, um gesundheitliche Störungen verschiedenster Natur zu vermeiden, zu beheben oder auch zu lindern. Es soll aufzeigen, daß die moderne Bewegungstherapie längst auf sicherem, d. h. wissenschaftlich gegründetem Fundament steht und daher für sich beanspruchen darf, Therapie im strengsten Sinne des Wortes zu sein. Das heißt, sie ist gezielt, nachvollziehbar und wiederholbar, gemäß der gegebenen Diagnose einsetzbar, und ihr Erfolg als Therapie ist meßbar.
Die im Folgenden erläuterten Therapieformen stellen nur einen Teil der existenten Behandlungsformen dar. Diese Beschränkung soll dem Ziel dienen, einen Überblick zu vermitteln und Anregungen für die eigene Arbeit zu geben, entweder durch eigenes Handeln oder durch Rückgriff auf Partner im Gesundheitswesen, also Krankengymnasten, Ergotherapeuten oder Sporttherapeuten, je nachdem, welche Qualifikation gefordert ist.

1. Rückenschule

»Jede fünfte Arbeitsunfähigkeitsbescheinigung wird in Deutschland wegen Rückenschmerzen ausgestellt. Jeder zehnte Patient im Wartezimmer des praktischen Arztes sucht diesen wegen Rückenschmerzen auf.«
(LASER, 1990)

1.1 Bedeutung und Aufgabenstellung

Diese Statistik zeigt, daß Rückenschmerzen zum einen weit verbreitet sind und daß zum anderen der volkswirtschaftliche Schaden und die Aufwendungen der Krankenkassen bedeutend sind. In den wenigsten Fällen gelten schwere Traumen oder akute Überlastungen ursächlich für eine medizinische Intervention, weitaus häufiger werden in den meisten Fällen schleichend fortschreitende Krankheitsverläufe geschildert, die jedoch nicht mehr durch die »Hausapotheke« in den Griff zu bekommen sind. H. Schmidt (1988) ordnet den im Lauf der Jahre zunehmend stärker werdenden Schmerzen auch zunehmend bedeutendere Schäden der Bandscheibe zu, so daß man davon abkommen sollte, den »Hexenschuß« oder das »steife Kreuz« als Bagatelle abzutun, vielmehr sollte man sie als Vorstufen eines sich daraus möglicherweise entwickelnden Bandscheibenschadens ernst nehmen. Die noch wichtigere Schlußfolgerung dürfte sein, daß man in diesen Prozeß eingreifen und durch gezielte Maßnahmen ein Fortschreiten vermeiden kann, sofern sie die krankmachenden Faktoren positiv beeinflussen.
Als krankmachende Faktoren gelten:
- falsche Ruhehaltung
- falsche Belastungshaltung
- falsche Hobbys
- Fehlstatik (ungleiche Beinlänge, Keilwirbel u. a. m.)
- Wechselwirkung mit anderen Erkrankungen (Streß, depressive Stimmungslage)

Aus dieser Aufzählung ergibt sich, daß eine Rückenschule mehr sein muß als eine Gymnastik für den Rücken und sei sie noch so gut. Rückenschule beinhaltet eine Kombination aus gezielter Gymnastik und Pädagogik. Ein mögliches Konzept soll Ihnen hier vorgestellt werden, welches durch Einwirken auf die obigen Faktoren versucht, dem Rückenschmerz beizukommen.

1.2 Krankheitsverursachende Faktoren

1.2.1 Falsche Ruhehaltung

Der falschen Ruhehaltung kommt die Bedeutung zu, durch biomechanisch ungünstige Einstellung der Wirbelsäule deren Belastbarkeit deutlich herabzusetzen und durch die häufige Wiederholung eine Schwächung, d. h. Mikrotraumatisierung, der dorsalen Anteile des Anulus fibrosus herbeizuführen. Dies kann größeren Schäden wie z. B. dem *Bandscheibenvorfall* den Weg bahnen.

Abb. 59 Beispiel für falsche Ruhehaltung. (6)

Dies geschieht durch folgende Faktoren:

- ▷ Dauerzugbelastung der dorsalen Bänder vermindert deren stabilisierenden Einfluß auf das Segment.
- ▷ Dauerzug der dorsalen und Dauerkompression der ventralen Faseringanteile bedeuten eine schlechte Diffusionslage der Gewebe.
- ▷ Die Dauerverlagerung des Gallertkernes nach dorsal führt zu einem Versagen der für die Pufferfunktion der Gesamtbandscheibe unverzichtbaren, ihn begrenzenden innersten Faserringanteile.

(Nach JUNGHANNS, 1986)

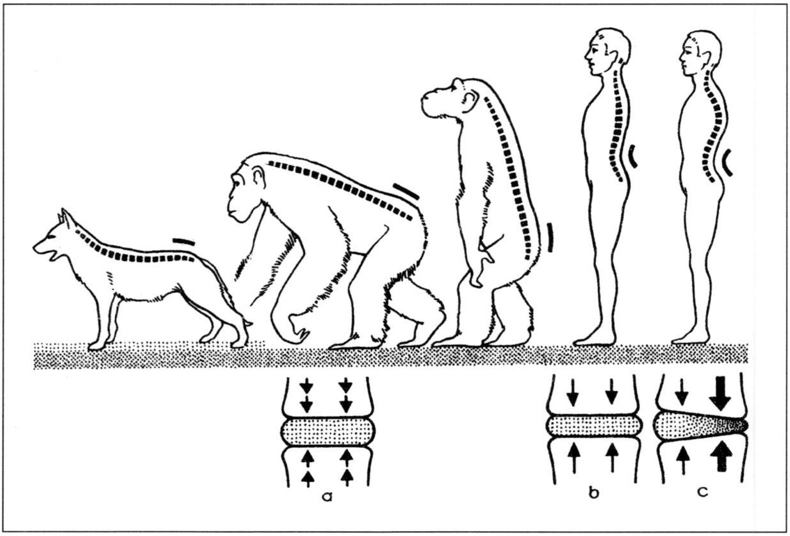

Abb. 60 Fehlbelastung der Bandscheibe im Stand bei Hohl-Rund-Rücken, hervorgerufen durch muskuläre Defizite – siehe auch 1.3.1! (22)

Für die inhaltliche Gestaltung einer Rückenschule bedeutet das, daß eine Aufklärung über diese Sachverhalte gegeben werden sollte. Dies kann man am Modell, mittels Schautafel und mit Alternativen aufzeigen, wenn die sitzende Position auch die Arbeitshaltung ist, z. B. Bildschirmarbeitsplatte oder Schule.

Abb. 61 Richtige und falsche Haltung am Schreibtisch. (10)

Abb. 62 Richtiges und falsches Sitzen in der Schulbank. (10)

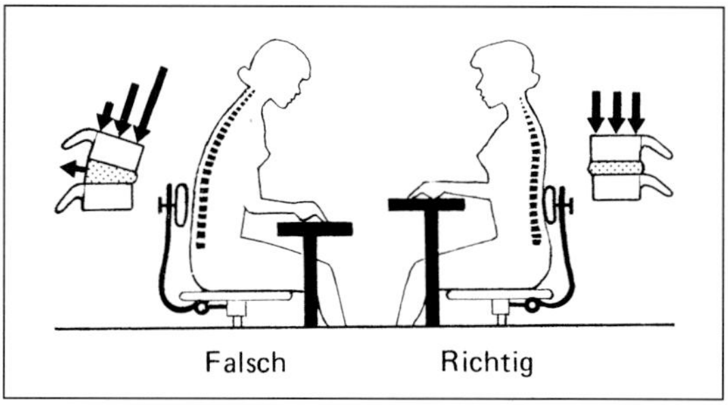

Abb. 63 Negative und positive Belastungssituation am Arbeitsplatz. (10)

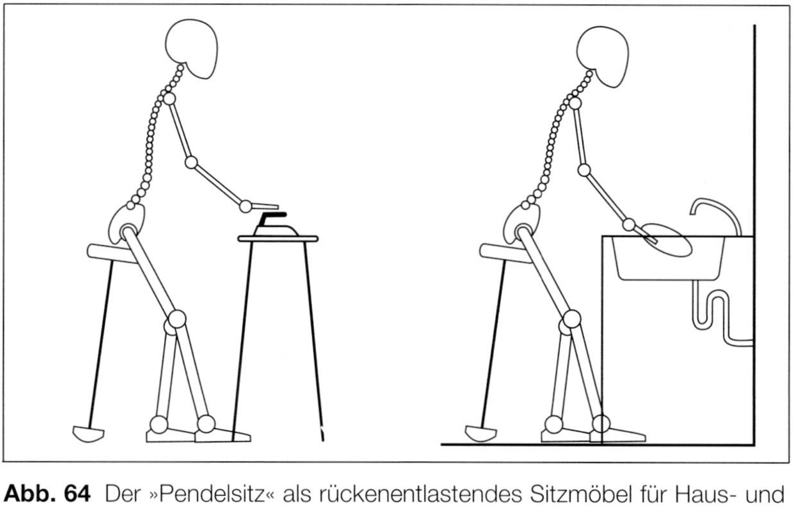

Abb. 64 Der »Pendelsitz« als rückenentlastendes Sitzmöbel für Haus- und Büroarbeit. (10)

1.2.2 Falsche Belastungshaltung

Mit »falscher Belastungshaltung« ist hier die Handhabung externer Lasten in biomechanisch ungünstiger Körperhaltung gemeint.

Abb. 65 Falsches und richtiges Lastenheben. (15)

Abb. 66 Falsches und richtiges Beugearbeiten. (15)

Abb. 67 Falsche und richtige Ziehbewegung. (15)

Abb. 68 Falsche und richtige Schiebebewegung. (15)

Die sich hieraus ergebenden Belastungen können nachfolgend beispielhaft aus den Abbildungen 69, 70 abgeschätzt werden.

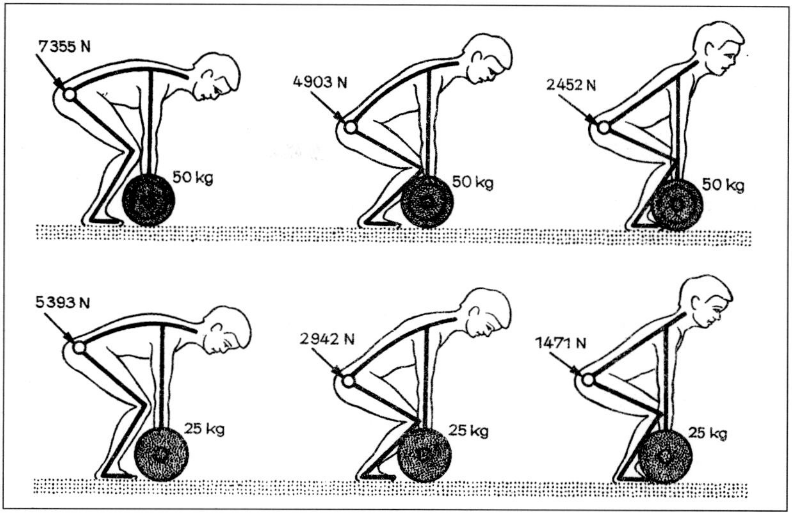

Abb. 69 Die Belastung der unteren LWS hängt ab von der Last, vom Winkel im Hüftgelenk und von der Haltung der Wirbelsäule. (22)

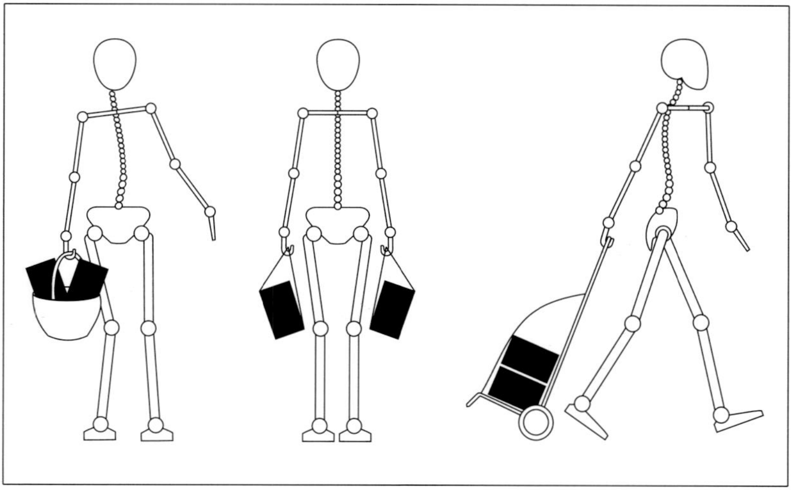

Abb. 70 Belastungsvorgänge beim Tragen und Ziehen. (10)

Die Belastung der Bandscheibe kann auf gut $\frac{1}{3}$ reduziert werden, wenn die Hebetechnik stimmt. Hauptunterscheidungsmerkmal der richtigen zur falschen Belastungshaltung ist neben der gestreckten Wirbelsäule die vermehrte *Hüft-* und *Kniebeugung*.

▷ Daraus ergibt sich für die Rückenschule, daß ein **Training der Beinmuskulatur** die Voraussetzung für eine gute Belastungshaltung darstellt, damit z. B. die Hausfrau in Abb. 65 überhaupt den Wäschekorb anheben kann.

Aber auch der Transport von leichteren Lasten (Abb. 70) kann belastungsgemindert erfolgen. Wie bei jeder anderen koordinierten Tätigkeit, z. B. Tanzen oder Fahren eines PKW mit Schaltgetriebe, dauert es eine gewisse Weile, bis durch sehr häufiges und überwachtes Üben der Bewegungsfluß von selbst läuft. Dieses Einüben muß daher ebenso Bestandteil der Rückenschule sein.

1.2.3 »Falsche« Hobbys

Abb. 71 zeigt, wenn auch karikierend, worum es geht. Es geht darum, daß längst nicht alle Hobbys ohne weiteres, aus Sicht der Rückengesundheit, unbedenklich sind, selbst wenn die Ausübung letztendlich ein gutes Ergebnis bringt (z. B. warme Socken für den Winter).
Es geht aber auch nicht darum, wie es leider sehr häufig mit dem Brustschwimmen geschieht, Hobbys zu verteufeln. Vielmehr geht es darum, Hinweise zu geben, wie das, was man als Hobby beherrscht und was einem Spaß macht, für die Wirbelsäule erträglicher durchgeführt werden kann. In unseren Beispielen dadurch, daß man versucht, die Arme beim Stricken auf Kissen abzulegen, um die Haltearbeit der Nackenmuskeln zu verringern oder, durch Erlernung der richtigen Schwimmtechnik (Gleitphase, Gesicht ins Wasser, Koordination von Vortrieb und Luftholen usw.) auch weiterhin Brustschwimmen zu können. Außerdem sei angemerkt, daß bei eingeschränkter Schulterbeweglichkeit das so oft empfohlene Rückenschwimmen wiederholt die Hyperlordose erzwingt, was keinesfalls so unbedenklich ist, um pauschal empfohlen zu werden.

1.2.4 Fehlstatiken

Fehlstatiken, die nicht auf funktionellen Störungen beruhen, sondern auf manifesten anatomischen Gegebenheiten, sind durch Rückenschule nicht ursächlich aber symptomatisch angehbar. So lassen sich Fehl-

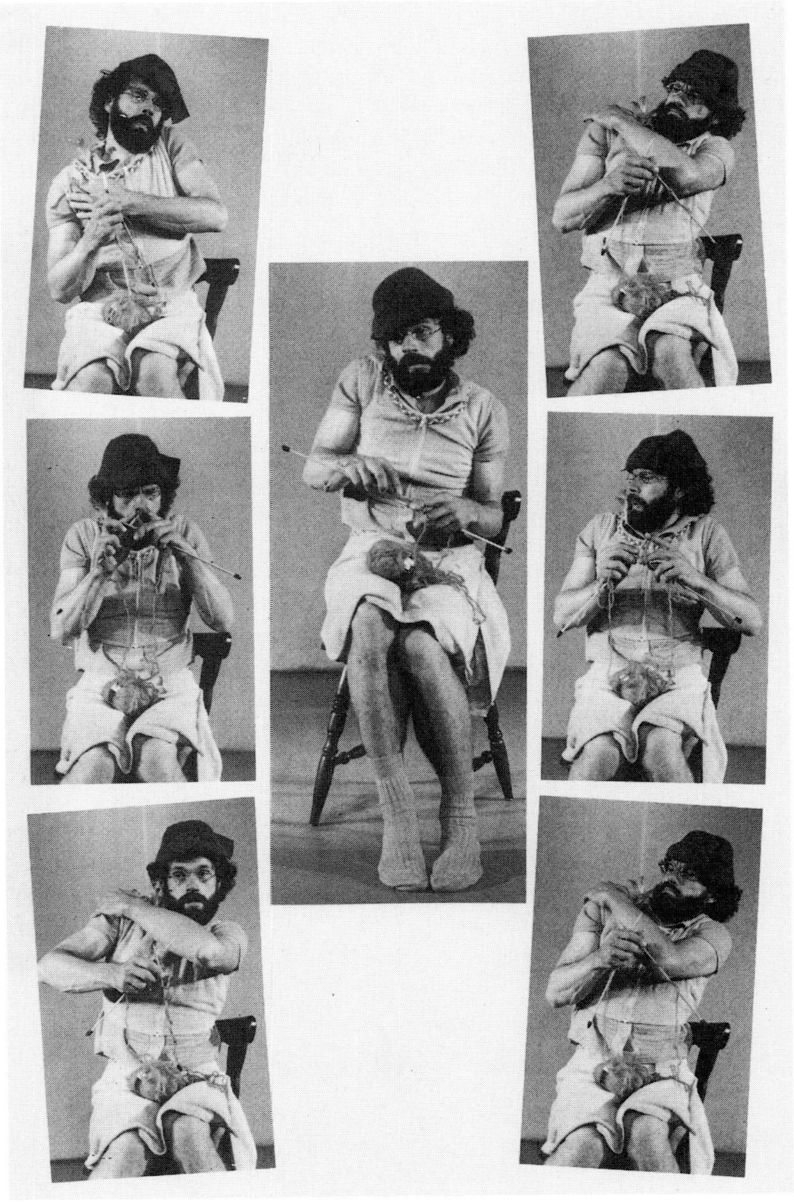

Abb. 71 Ein rückenbelastendes Hobby? (6)

spannungen durch *Dehnungen* sehr wohl lindern und durch gezielte, d. h. lokal wirksame Belastungen beeinflussen. Auch kommt dem Anleitenden die Aufgabe zu, den mit Fehlstatik belasteten Adressatenkreis zur Abklärung an Fachärzte weiterzuleiten, um gegebenenfalls eine Schuherhöhung o. ä. Korrekturen vornehmen zu lassen. Alle anderen, funktionellen Ursachen für eine Fehlstatik, z. B. Verkürzung der Hüftbeuge- oder der Brustmuskulatur, sind durch den qualifizierten Leiter eines Rückenschulkurses erkennbar und veränderbar.

1.2.5 Wechselwirkung mit anderen Erkrankungen

»Durch Gram gebeugt« oder »Katzbuckeln vor dem Chef« und andere »Volksweisheiten« drücken die enge Beziehung der Haltung zur allgemeinen Lebenssituation des Menschen aus. Es wäre vermessen, wollte man behaupten, daß Rückenschule durch etwaige kleine Erfolgserlebnisse oder ähnliches alles andere kompensieren könne, was tagtäglich auf den Teilnehmer einströmt. Es bietet sich jedoch die Möglichkeit, durch Entspannungsverfahren und Körperwahrnehmungsübungen (z. B. Partnermassage mit dem Tennisball) auf diese körperliche Ausdrucksform psychischer Belastungen aufmerksam zu machen. So eignet sich insbesondere die *»Progressive Relaxation«* nach JACOBSEN dazu, Muskelfehlspannungen, die sich durch unausgetragene Konflikte aufbauen können, zu erkennen und zu beheben. (E. MÜLLER, 1987)

1.3 Basiskonzept für eine erfolgreiche Rückenschule

Faßt man das Gesagte zusammen und versucht aus den Erfordernissen ein *Konzept für eine Rückenschule* zu erstellen, so lassen sich fünf Inhaltsschwerpunkte herausstellen, welche einer eingehenden Würdigung bedürfen.

1.3.1 Ausgewogenheit der Muskelgruppen herstellen

Grundlage einer guten Haltung ist die Ausgewogenheit der Muskelgruppen. Diese wird gefördert durch Dehnung der ventralen, im Regelfall verkürzten Muskelketten. Wichtig ist zudem das Beseitigen kapsulärer Hemmnisse, die sich bereits eingestellt haben, z. B. einer Beugekontraktur der Hüftgelenke.

Wichtige Muskelgruppen:

- Brustmuskulatur, Rotatorenmanschette, Nackenmuskulatur (Störfaktoren HWS/BWS)
- M. iliopsoas, M. rectus femoris, Adduktorengruppe, M. piriformis (Störfaktoren der Lenden-Becken-Hüft-Region)
- M. quadratus lumborum und Rückenstrecker im Bereich der LWS
- Muskulatur der Beinrückseite
- Zwischenrippenmuskulatur und Bauchmuskulatur

Die Muskelgruppen können unter Verwendung von Muskeldehntechniken (I.c., s. o.) gedehnt werden, aber auch, insbesondere die Zwischenrippenmuskulatur, durch Aufbau einer der Atemtherapie entlehnten Dehnlagerung. Stellvertretend für die Muskeln der LBH-Region sei die Dehnung des Iliopsoas dargestellt.

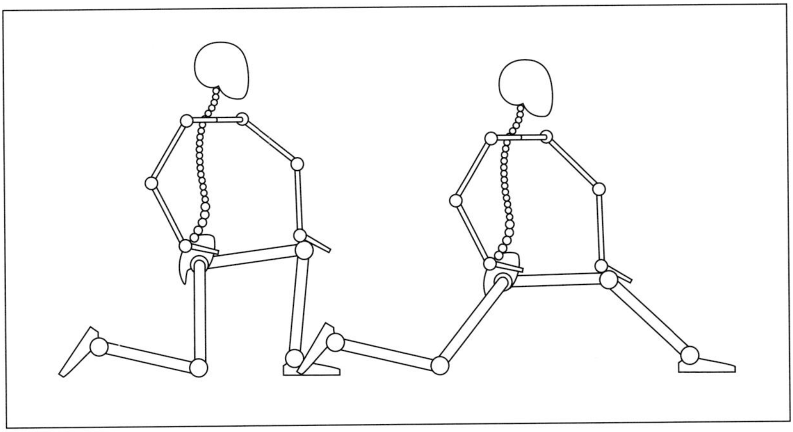

Abb. 72 Schemabeispiel für Muskeldehntechnik. (Quelle: Th. Heß)

1.3.2 Kräftigung der Posturalen Muskulatur (»Anti-Schwerkraft-Muskeln«)

- Großer Gesäßmuskel als Aktivposten der Beckenaufrichtung
- Thorakale Rückenstrecker
- M. trapezius, Pars ascendens als Muskel für Retraktion und Depression der Scapula
- Vordere Halsmuskulatur.

Hierzu eignen sich insbesondere gymnastische Übungen, welche durch Wahl der Ausgangsstellung die gezielte Belastung gewährleisten, z. B. folgende für die thorakalen Rückenstrecker:

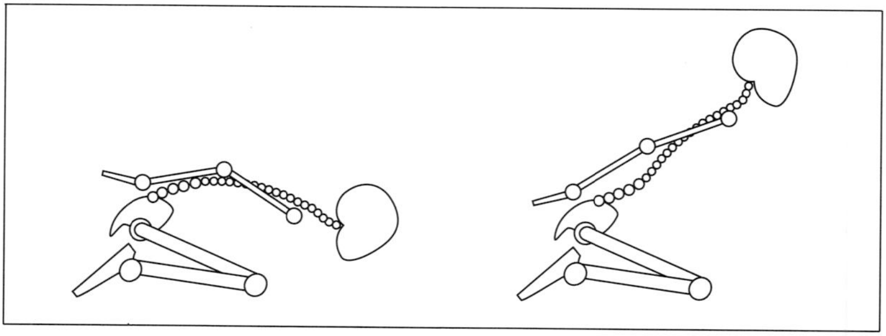

Abb. 73 Schemabeispiel für thorakale Rückenstrecker. (Quelle: Th. Heß)

1.3.3 Fehlbelastungen im Alltag und rückengerechte Alternativen

Gegenüberstellungen von »falsch« und »richtig« (Abb. 65–68) sind gute Möglichkeiten, die Unterschiede herauszuarbeiten, durch Nachahmung zu erspüren und am eigenen Körper festzustellen, warum die rückengerechtere Haltung besser ist. Erkennbar wird auch, an was die Umsetzung scheitert, z. B. an schwacher Beinstreckmuskulatur oder an Knieproblemen.

1.3.4 Entlastungshaltungen – der Informationskomplex Bandscheibe

Aufklärung ist ein wesentlicher Bestandteil der Rückenschule. Durch Aufzeigen des Zusammenhanges zwischen Körperposition und Bandscheibenzustand (Abb. 74), in Verbindung mit der Weitergabe aufbereiteter Anatomie, wird Verständnis dafür erarbeitet, entlastende Positionen in den Alltag einzubauen. Sei es die Stufenlagerung nach dem Hausputz für die Bandscheibe oder das Rücklehnen über den Bürostuhl zur Entlastung der Rückenmuskeln, Möglichkeiten gibt es viele. Wenn sie nicht während der Arbeit durchzuführen sind, sollten sie in den Feierabend eingebaut werden. Auch Recken und Strecken auf Rastplätzen, alle zwei Stunden während der Urlaubsreise, pflegen eine von Sitzposition und Fahrbahnstößen geplagte Bandscheibe.

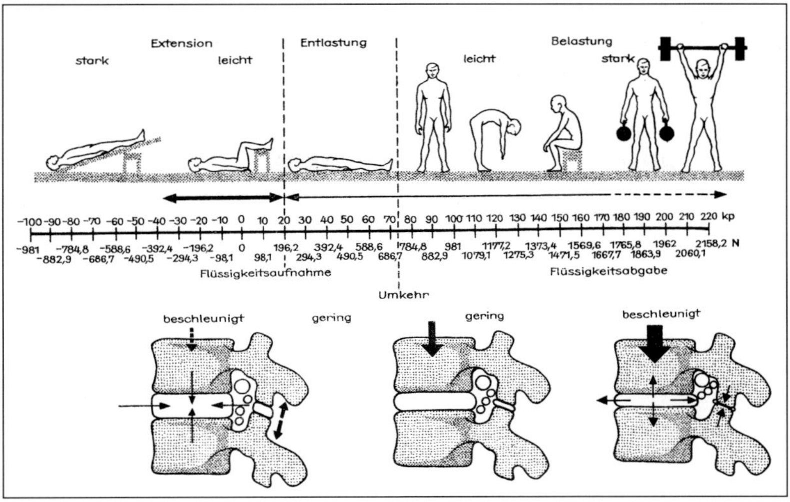

Abb. 74 Krafteinwirkung auf die untere LWS bei verschiedenen Körperstellungen. (22)

1.3.5 Rückengerechtes Sporttreiben bei bevorzugten Sportarten – individuelle Abstimmung der Möglichkeiten

- ▷ Einstudieren eines *täglichen Gymnastikprogramms*, abgestimmt auf die individuellen Schwachpunkte, Qualität der Bewegung vor Quantität.
- ▷ Einflechten von *entlastenden Stellungen*, z. B. die Stufenlagerung mit Extensionsmobilisation des BWS (Abb. 75a) für Rennradfahrer oder Einnahme der einfachen Stufenlagerung zwischen zwei Serien im Krafttraining (75b).
- ▷ *Modifikation bisher falsch betriebener Sportarten* wie Radfahren (Sitzposition ist erst jenseits der 25 km/h für den Luftwiderstand bedeutsam, daher Abb. 76a für viele besser als 76b), Krafttraining (gesicherte Ausgangsstellungen, Gewichte nur so hoch wählen, wie korrekte Technik beibehalten werden kann) und Laufen (Schuhwerk, Dehnungsnacharbeit etc.). Mit kleinen Änderungen wird der allgemein positive Effekt dieser Sportarten nicht durch Schädigung des Rückens vergällt.
- ▷ *Verbesserung unvermeidbarer Bewegungsabläufe* (Kegeln, Tennis, Golf).

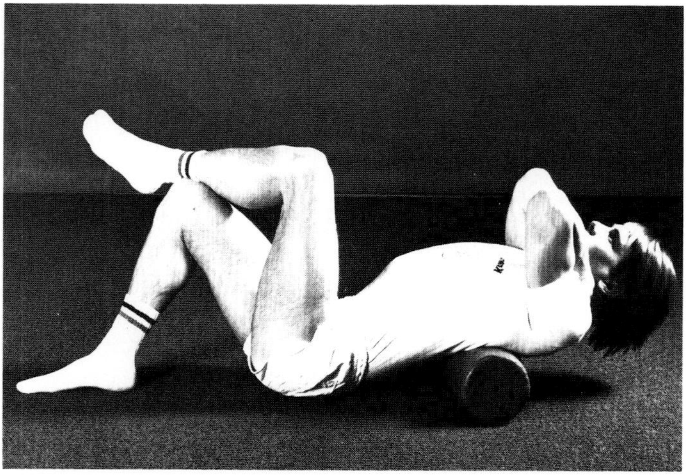

Abb. 75a Stufenlagerung mit Extensionsmobilisation der BWS. (8)

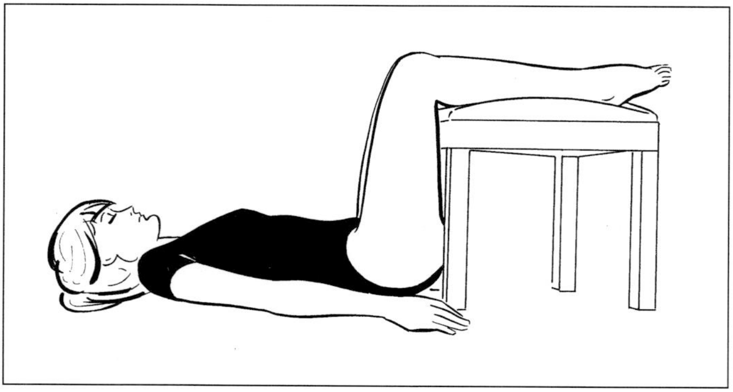

Abb. 75b Einfache Stufenlagerung zwischen zwei Serien im Krafttraining. (15)

Abb. 76a
Problemlose
Sitzposition. (26)

Abb. 76b
Sitzposition von
Schnellfahrern. (26)

Die zu Beginn des Kapitels aufgestellte Behauptung, daß Rückenschule mehr als Gymnastik für den Rücken ist, dürfte wohl nun Zustimmung finden, wurde doch die notwendige Kombination aus Gymnastik und Pädagogik herausgearbeitet. Daß die Umsetzung eines solchen Konzeptes eine besondere Qualifikation des Leiters voraussetzt, ist nachvollziehbar. Inwieweit dies bei den landauf, landab angebotenen Kursen gewährleistet ist, muß der Bewertung vor Ort überlassen werden. Nach Auffassung des Autors obliegt es den Veranstaltern, seien es Krankenkassen oder Sportvereine, in Verantwortung für ihre Mitglieder für einen qualifizierten Leiter zu sorgen. Ob dieser nun Orthopäde, Krankengymnast oder Sportlehrer mit Zusatzausbildung ist, erscheint weniger bedeutsam. Wünschenswert wäre ein Team, könnten doch dadurch viele Fragen direkt im Rahmen des Kurses geklärt werden.

2. Sporttherapie nach Indikationen

2.1 Definition und Begriffsklärung

Um aufzuzeigen, daß Sporttherapie nicht nur etwas für Gesunde ist oder gar mit dem viel gehörten Rat »Etwas mehr Bewegung würde Ihnen gut tun« hinreichend beschrieben wäre, soll zunächst, vor einer kurzen Einleitung in die Thematik, eine Definition der Sporttherapie gegeben werden.

> »Sporttherapie ist eine bewegungstherapeutische Maßnahme, die **mit geeigneten Mitteln des Sportes** gestörte körperliche, psychische und soziale Funktionen kompensiert, regeneriert, Sekundärschäden vorbeugt und gesundheitlich orientiertes Verhalten fördert. Sie beruht auf **biologischen Gesetzmäßigkeiten** und bezieht besonders pädagogische, psychologische und sozialtherapeutische Verfahren ein und versucht, eine überdauernde Gesundheitskompetenz zu erzielen.« (DVGS e. V.)

»Die Herz- und Kreislauferkrankungen stehen in den Industriegesellschaften seit Jahren an der Spitze der Mortalitätsstatistik. In der BRD (1985) sterben jährlich ca. 350 000 Menschen an Krankheiten des Herz-Kreislauf-Systems, was einem Anteil von rund 50% der Gesamtmortalität entspricht. 1985 ging jeder sechste Sterbefall (ca. 140 000 Todesfälle) auf ischämische Herzkrankheiten zurück, von denen wiederum der akute Herzinfarkt ca. 80 000 Todesfälle ausmachte.« (D. Lagerström 1989)

Die sogenannten **Risikofaktoren**, zu denen

- Alter
- Bewegungsmangel
- Diabetes mellitus
- chronische Infekte
- erbliche Belastung
- Fehlernährung
- Hyperlipidämie
- Hypertonie
- Hyperurikämie
- orale Antikonzeptiva
- psychologische Faktoren
- Ruhe-Tachykardie
- Rauchen
- Übergewicht

gezählt werden, nehmen in der Literatur in ihrer Rangordnung häufig einen unterschiedlichen Stellenwert ein (Kannel 1967, Hollmann 1972, 1983). Dies trifft auch auf den Risikofaktor *Bewegungsmangel* zu, der in wissenschaftlichen Arbeiten untersucht wurde (D. Lagerström).

Der *Bewegungsmangel* ist ein anerkannter Risikofaktor, was längst durch eine Reihe verschiedener Untersuchungen belegt wurde. Für den Interessierten seien hier insbesondere die Studien von STOCKS/MORRIS (»Busfahrer-Schaffner-Studie«), ZUKEL et al. (1959) oder DEITRICK et al. (»Experimentelle Untersuchung mittels völliger Ruhigstellung in der Liegeschale«, 1948) angeführt.
Um nun inhaltlich zu begründen, daß Sport therapeutisch nutzbar ist, müssen Risikofaktoren durch Sport positiv beeinflußbar sein. Bevor aber die Qualitätskriterien eines Trainings zugunsten der therapeutischen Beeinflussung festgelegt werden können, sind die wesentlichen Risikofaktoren darzulegen:

- Ruhe-Tachykardie
- Hypertonie
- Dyslipoproteinämie
- Adipositas
- Diabetes mellitus Typ II.

2.2 Therapeutische Bedeutung wichtiger Risikofaktoren

2.2.1 Ruhe-Tachykardie

▶ Herzfrequenzen um die 100 Schläge/min gelten als unökonomisch und als Zeichen für eine mangelnde Leistungsfähigkeit des Herz-Kreislauf-Systems (niemand würde z. B. die Standdrehzahl seines PKW so einstellen, daß 50% der maximalen Drehzahl erreicht werden).

E. A. MÜLLER (1942) zeigte bereits, daß eine *Herzfrequenzsenkung* bei submaximaler Belastung durch Training der peripheren Skelettmuskulatur zu erreichen ist:

Belastung auf dem Fahrradergometer; Herzfrequenz ⟶ 129/min
⟶ 11 Wochen Training, 45–60 min., abwechselnd
60 und 120 Watt, jeden 2. Tag
Bei gleicher Belastung wie zu Beginn: Herzfrequenz ⟶ 95/min

Belastung mittels Armkurbelarbeit: Herzfrequenz ⟶ 140/min
⟶ 3 Wochen Armkurbelarbeit: Herzfrequenz ⟶ 116/min
Test auf dem Fahrradergometer: Herzfrequenz ⟶ 126/min

E. A. MÜLLER zog daraus die Schlußfolgerung, daß eine trainingsbedingte Herzfrequenzerniedrigung ihre ursächliche Steuerung in den direkt trainierten Skelettmuskeln hat, da die Trainingsherzfrequenzerniedrigung nur nachweisbar war, wenn lediglich die trainierte Muskulatur in den Leistungstests herangezogen wurde. SAMEK und ROSKAMM weisen aber nach, daß nach längerem Training mit großen Muskelgruppen, z. B. Beintraining, auch eine Senkung der Ruheherzfrequenz zu verzeichnen ist. Ausdauertraining führt einerseits zu einem Überwiegen der Nervus-Vagus-Aktivität, andererseits auch zu einem erniedrigten Sympathikotonus (EKBLOM et al. 1973). BERG et al. (1980d) wiesen nach, daß der Noradrenalin-Blutspiegel bei trainierten im Vergleich zu untrainierten Versuchspersonen auf gleicher Belastungsstufe stets niedriger ist (WEIDEMANN/MEYER 1990).
Die Einflußnahme des Sportes, hier des *Ausdauertrainings,* läßt sich in puncto Herzfrequenz wie folgt zusammenfassen:

> Die Zunahme der Stoffwechselkapazität der peripheren Muskelzelle führt über Chemorezeptoren zu einer Abnahme der Aktivitäten des sympathischen Nervensystems (nach CLAUSEN et al. 1970; LUDWIG 1976; MÜLLER 1942; HOLLMANN 1962).
> Der verringerte sympathische Antrieb aus der trainierten Peripherie auf Herz und Kreislauf spielt wiederum eine ursächliche Rolle für kardiozirkulatorische Veränderungen. Eine kardiozirkulatorische Veränderung ist bspw. die Senkung der Herzfrequenz in Ruhe und bei submaximalen Belastungen (SANNE 1973; WEIDEMANN/MEYER 1991).

2.2.2 Hypertonie

Die Hypertonie (wiederholt gemessene RR-Werte von 160/95, PSCHYREMBEL 255. Aufl.) ist ein Risikofaktor, »welcher zu 95 % ohne direkte Ursache ist«, der jedoch durch viele Faktoren beeinflußbar ist (Übergewicht, Streß, Kochsalzkonsum).
FAGARD (1987) hat aufgezeigt, daß eine direkte Beeinflussung der Hypertonie durch Sport möglich ist und daß sie im Bereich von 5–10 mmHg liegt (KINDERMANN/ROST 1991). Werden durch Sport andere Risikofaktoren mitverändert, so sieht die Bilanz deutlich eindrucksvoller aus. RICHARD ROST (1991) merkt an, daß »bei einer Neigung zu Hochdruck Übergewicht einen begünstigenden Faktor darstellt«.

Als Faustregel kann angegeben werden, daß der übergewichtige Hochdruckkranke durch eine Gewichtsabnahme von einem Kilogramm seinen Blutdruck um 3 mmHg systolisch und 2 mmHg diastolisch vermindern kann. Macht bei einer Reduktion um 10 kg eine Veränderung von z. B. 180/100 auf 150/80, was dann nur noch einem Grenzwerthypertonus entspräche.

2.2.3 Dyslipoproteinämie

Ein Ansatzpunkt der Bewegungstherapie liegt in der Möglichkeit der Beeinflussung der Lipoproteinfraktionen durch körperliches Ausdauertraining. Die sogenannten VLDL (»very low density lipoproteins«) und die LDL (»low density lipoproteins«) bergen oberhalb eines Normwertes ein zunehmendes atherogenes Risiko für den Träger in sich. Hohe HDL-Werte werden heute einem erniedrigten atherogenen Risiko gleichgesetzt. Körperliche Aktivität kann eine Veränderung des Lipoproteinmusters mit Senkung von LDL und VLDL sowie einer Erhöhung von HDL bewirken. Während für die HDL-Beeinflussung Ausdauerbelastungen erforderlich sind, erweist sich die Beeinflussung des LDL-Cholesterins weitgehend unabhängig von der Art der sportlichen Beanspruchung (nach Berg et al. 1980; Schnabel et al. 1982; Weidemann/Meyer 1990).

2.2.4 Adipositas

Daß Adipositas für andere Risikofaktoren ein begünstigender Faktor ist, wurde bereits erwähnt. Als *Feststellungskriterium* sei hier die Formel nach Broca verwendet:

Körpergröße in cm minus 100 = Normalgewicht (M)
Körpergröße in cm minus 105 = Normalgewicht (F)

Skinner (1989) beschreibt den Nutzen eines *Trainingsprogramms* bei angestrebter Gewichtsreduktion wie folgt:

▷ »Bei Einschränkung der Kalorienzufuhr kommt es im allgemeinen zu einer Reduktion der fettfreien Körpermasse (LBM = lean body mass), also der stoffwechselaktiven Gewebe, und damit zu einer Verminderung des Grundumsatzes. Je stärker die Einschränkung … umso rascher fällt die Stoffwechselgeschwindigkeit ab, der Wiederanstieg auf die Ausgangswerte benötigt längere Zeit.«

Das bedeutet, daß die mühevolle Kalorienbeschränkung durch Drosselung des Grundumsatzes wieder weitestgehend kompensiert wird. Von der dann ohnehin geringen Gewichtsabnahme entfällt ein Großteil auf die LBM. Nach Normalisierung der Kalorienzufuhr ist der Gesamtverbrauch geringer als vorher, so daß trotz bilanzierter Zufuhr ein relativer Überschuß entsteht, welcher zur raschen Gewichtszunahme führt (Fahrstuhldiät).

»Wird dagegen die Kalorieneinschränkung mit regelmäßiger körperlicher Aktivität kombiniert, kann der Anteil der LBM konserviert werden.« (SKINNER, s. o.) Geht man davon aus, daß ein Kilogramm Körperfett 8600 kcal enthält (WEIDEMANN/MEYER, 1990), so kann man durch folgendes Procedere 2 kg Körperfett im Monat abbauen:

Ausgehend von einer kalkulierten Kalorienzufuhr werden davon ca. 300 kcal abgezogen, so daß ein Defizit entsteht. Gleichzeitig wird der tägliche Bedarf durch ein Mehr an Bewegung um ebenfalls ca. 300 kcal erhöht (z. B. 5 km gehen). Das Defizit von nun 600 kcal, multipliziert mit 30 Tagen ergibt eine Summe von 18 000 kcal, eben den oben angestrebten 2 kg/Monat.

2.2.5 Diabetes mellitus Typ II

»Der Typ II Diabetes thront gewissermaßen als Spitze auf dem mächtigen Berg des metabolischen Syndroms, zu dem die Insulinresistenz, ein Hypertonus, die Dyslipoproteinämie und die Adipositas gehören.« Gekennzeichnet ist der Typ II Diabetes durch einen relativen Mangel an Insulin bei gleichzeitiger Hyperinsulinämie – dieser scheinbare Widerspruch läßt sich über die Insulinresistenz auflösen, sie hat in der Pathogenese des Typ II Diabetes die zentrale Bedeutung. »Die Insulinresistenz stellt sich bei prädisponierten Menschen als Folge einer hyperkalorischen Ernährung bei gleichzeitiger Bewegungsarmut ein.« (MEHNERT, Sonderdruck »Ärzte Zeitung« Nr. 138 7/94)
Hypertonie, Dyslipoproteinämie und Hypotonie wurden bereits als durch Sport positiv beeinflußbar dargestellt, ebenso die Adipositas. Daher wollen wir uns im Folgenden nur noch auf die Beeinflussung der Insulinresistenz und die dazugehörigen Stoffwechselveränderungen konzentrieren.

Folgende Auswirkungen körperlichen Trainings sind bekannt:

▷ Akuter Effekt, Senkung des erhöhten Blutzuckers.

▷ Es kommt beim Zuckerkranken auch zu Trainingsanpassungen im Sinne einer verbesserten Glukosetoleranz. Dieser Effekt läßt sich bei gesunden Trainierten nachweisen. Sie zeigen im Serum geringere Insulinspiegel als Untrainierte. Als Wirkmechanismus nimmt man eine Erhöhung der Zahl der an den Zellen vorhandenen Rezeptoren für das Insulin bzw. eine erhöhte Rezeptoraffinität an.

▷ Unter Training kommt es ferner zu einer Abnahme der gegenregulatorisch wirksamen Hormone wie Katecholamine, Glukagon und Kortisol (nach R. Rost, 1991).

Diese Befunde ermutigen hoffentlich dazu, das körperliche Training, wie es anschließend dargestellt werden wird, wieder mehr als Therapeutikum einzusetzen, wie es die Mediziner des Altertums schon taten. »So empfahl der indische Arzt Sosota in seinem jetzt gut 3000 Jahre alten Lehrbuch der inneren Medizin körperliche Aktivitäten in Form von Kampfspielen ...« (R. Rost 1991)

2.3 Therapeutische Anwendung bei Risikofaktoren

Die nun folgende Darstellung der sporttherapeutischen Praxis, bezogen auf die vorher beschriebenen Risikofaktoren, zerfällt in zwei Gruppen:

A	Ruhe-Tachykardie Hypertonie Dyslipoproteinämie
B	Adipositas Diabetes mellitus Typ II

2.3.1 Gruppe A

2.3.1.1 Vergrößerung der allgemeinen aeroben Ausdauer

Hollmann/Hettinger (1980, 3. Aufl.) stellen fest: »Für die Vergrößerung der allgemeinen aeroben Ausdauer aus präventiver, therapeutischer und rehabilitativer Sicht eignet sich ausschließlich die dynamische Arbeitsform unter Einsatz möglichst großer Muskelgruppen.«
Die oben genannten Effekte lassen sich durch Gehen, Laufen, Radfahren, Rudern etc. erreichen, jedoch sind Gehen und Laufen insbesondere für den *Hypertoniker* geeignet, da durch die nahezu isotonische Arbeitsweise der Muskulatur nur geringe Belastungsblutdruckwerte entstehen. Radfahren und Rudern führen infolge des höheren Krafteinsatzes zu wesentlich deutlicheren Blutdruckanstiegen unter Belastung.
Die therapeutische Breite eines Trainings ist grundsätzlich sehr ausladend, da z. B. zu Fuß verschiedene Geschwindigkeiten in unterschiedlichen Geländen gegangen werden können (bergab, flach, bergan, Treppen ...), sie wird jedoch subjektiv durch die Leistungsfähigkeit jedes einzelnen beschränkt, auf die sie abgestimmt werden muß. Daher »muß« vor jeder therapeutischen Nutzung des Sportes eben diese Leistungsfähigkeit (maximal bei Herzgesunden gemäß der Formel von Rost/Hollmann Herzfrequenzen von 220 – Lebensalter oder symptomlimitiert, dann als Belastbarkeit bezeichnet, z. B. bis zum Auftreten von Angina pectoris) festgestellt werden. Anhand dieser, z. B. durch Fahrradergometrie im Sitzen, gewonnenen Daten läßt sich ein Training optimal dosieren.

Beispiel: Im WHO-Stufentest erbrachte Leistung = 200 Watt
Analog zur Rezeptierung eines Medikamentes läßt sich die Sporttherapie verordnen:

Medikament	Dosis	Einnahmehäufigkeit
xyz	20 mg	1 × 1 Kapsel/Tag

Belastungsart	Intensität	Dauer, Häufigkeit
Laufen	140–150 Puls oder 50–70% VO_2max	30–60 min., 3×–7×/Woche

(Die verwendeten Parameter sind aus Hollmann/Hettinger, 1980, entnommen.)

Die Errechnung der VO_2max ist bei Fahrradergometrie anhand der Formel von ROST/HOLLMANN (1982) hinreichend exakt möglich:

$$VO_2max \text{ ml/min} = 300 + (12 \times \text{Watt})$$

Dabei steht 300 für den Verbrauch in Ruhe und 12 × Watt für den durch die erbrachte Leistung, für unser Beispiel von 200 Watt beträgt die VO_2max also 2700 ml/min.

Die Umrechnung über den *Sauerstoffverbrauch* bringt folgende Vorteile:

- Die Dosierungskriterien sind auch z. B. bei Beta-Blocker-Applikation anwendbar.
- Die Dosierung nach Sauerstoffaufnahme bedarf keiner Erreichung der altersentsprechenden Ausbelastungsfrequenz von mindestens 200 – La., ist somit auch für den symptomlimitierten Belastungstest gültig.
- Eine Umrechnung auf ml/min für jedes Kilogramm/Körpergewicht erleichtert die Übertragbarkeit der durch die Fahrradergometrie erreichten Leistungsdaten auf andere Trainingsmittel/Belastungsarten, z. B. Gehen und Laufen, da es dafür ebenfalls hinreichend exakte Berechnungsformeln gibt:

»Gehen: 0.1 ml/kg × min × m + 3.5 ml/kg × min
Laufen: 0.2 ml/kg × min × m + 3.5 ml/kg × min«

▶ Der Gültigkeitsbereich ist gemessen für 26–100 m/min Gehen und 80–130 m/min Laufen.

▷ Insbesondere bei *vorgeschädigtem Herzen* (KHK, Infarkt), wenn die Steigerung der Leistungsfähigkeit nicht mehr in dem Maße gegeben ist, ist die Ökonomisierung der Herzarbeit ein vordringliches Ziel.

Folgende **Trainingsanpassungen** sind auch für Herzpatienten nachgewiesen, obwohl die tolerierten Intensitäten absolut gesehen sehr gering waren (WEIDEMANN/MEYER, 1990):

- Senkung der Herzfrequenz in Ruhe und bei submaximaler Belastung
- Verlängerung der Diastole und Zunahme der diastolischen Entspannungsgeschwindigkeiten als den myocardialen Sauerstoffverbrauch senkende Faktoren
- Verminderung der Freisetzung von Adrenalin und Noradrenalin.

2.3.2 Gruppe B

2.3.2.1 Kombination von Ausdauer- und Krafttraining

Adipositas als eigenständiger Risikofaktor und als begünstigender Faktor für den Diabetes mellitus Typ II wird am erfolgreichsten durch eine Kombination von sporttherapeutischen Maßnahmen angegangen, indem man eine Modifikation des obigen Ausdauertrainings mit einem Krafttraining verbindet. Diese Modifikation besteht darin, die *Intensität* bei 50% anzusiedeln oder auch leicht darunter, dafür jedoch die *Dauer* zu erhöhen, um nach VILLIGER u. a. (1991) eine Verstoffwechselung der zirkulierenden und intramuskulären Fettsäuren zu optimieren. Die Kombination mit einem Krafttraining trägt dem Ansinnen SKINNERS (s. o.) Rechnung, die LBM zu konservieren.

▷ Kurz skizziert, sollte das Krafttraining dynamisch sein, große Muskelgruppen einbeziehen und nicht zu Mikrotraumen (Muskelkater) führen, da dadurch eventuell der Muskelabbau unter Diät (s. o.) unterstützt werden könnte.

»Rezeptierungsbeispiel«:

Belastungsarten	Intensitäten	Dauer/Häufigkeit
Laufen/Gehen	50% der VO_2max	60 min /7× Woche
Krafttraining (dyn)	50% der maximalen Kraft	5 Muskelgruppen à 3 Serien, 2–3× pro Woche

▷ Es sei noch angemerkt, daß es bei diesen Intensitäten für das Laufen oder Gehen durchaus möglich ist, die insgesamt aufzuwendende Zeit in 3× 20 aufzuteilen, z. B. zur Arbeit, zum Bäcker und noch eine kleine abendliche Runde um den Block.

Der Diabetes mellitus Typ II stellt sich ja als Kombination bereits besprochener Risikofaktoren (im »metabolischen Syndrom« zusammengefaßt) zuzüglich der Insulinresistenz dar. Daher ist es verständlich, daß seine umfassende sporttherapeutische Würdigung einer Kombination der bisher vorgestellten Trainingsarten bedarf.

▷ Der Schwerpunkt sollte hierbei dennoch auf der Verbesserung der allgemeinen aeroben Ausdauer liegen, gemäß der unter »A« besprochenen Merkmale, ergänzt durch ein Krafttraining und möglichst oft bereichert durch viele kleine Spaziergänge.

Als Besonderheiten bei der Durchführung sollten beachtet werden:

Eine tägliche Routine in der Durchführung der Sporttherapie erleichtert ungemein die Abstimmung von Training, Diät und Medikamenten und sollte daher angestrebt werden.
Ein halbstündiger Dauerlauf benötigt z. B. ca. 300 kcal. Werden gemäß allgemeiner Empfehlungen davon 60 % in Form von Kohlenhydraten aufgenommen (ca. 180 kcal = ca. 45 g Kohlenhydrate = ca. 4 BE), so können diese entweder nicht durch Insulin abgedeckt oder extra zu sich genommen werden. Hier empfiehlt sich eine Phase des Ausprobierens unter medizinischer Kontrolle (nach ROST, 1991).
Für den Fall des unvorhergesehenen Ablaufs sollte der Diabetiker nach Möglichkeit nie alleine und nie ohne Glukose bzw. Diabetikerausweis trainieren, damit ihm im Falle des hypoglykämischen Zustandes schnell geholfen werden kann.

2.4 Schlußbemerkung

Zum Abschluß soll noch darauf hingewiesen werden, daß durch die Sporttherapie nicht nur die hier ausgewählten Risikofaktoren günstig beeinflußt werden, sondern auch die Ausbildung gesundheitsförderlichen Verhaltens (Nichtraucher werden, Alkoholkonsum drosseln, Diät und Insulintherapie konsequenter durchführen etc.). Daß Sport ohne Wettkampfstreß, nur der Gesundheit zuliebe, die Geselligkeit fördert und damit auch krankheitsbedingte Isolationen aufbricht oder daß durch Bewegung in der Natur Alltagsstreß abgebaut werden kann, sind weitere positive Effekte. Ohne Sport(therapie) sind sie zumeist ungleich schwerer oder gar nicht zu erreichen.

3. Krankengymnastische Methoden und Techniken

Die Krankengymnastik ist zwar aus der Gymnastik und Turnbewegung des 17. und 18. Jahrhunderts hervorgegangen, die Namen GUTHSMUTHS, LING, JAHN, EISELEN u. v. a. sind in den entsprechenden Chroniken bereits gebührend gewürdigt, jedoch ist die Krankengymnastik heute gänzlich anders ausgelegt. Dies sollen folgende Therapieverfahren beweisen:

- Manuelle Therapie
- Medizinische Trainingstherapie
- Muskeldehntechniken
- Cyriax
- PNF (Proprioceptive neuromuskuläre Fazilitation)
- Bobath-Konzept

3.1 Manuelle Therapie

3.1.1 Therapiebereich

Indikationen	Dysfunktionen der Gelenke, der Extremitäten und der Wirbelsäule, die durch Traumen, infolge Operationen oder durch chronische Überlastung entstanden sind und das Potential zur Wiederherstellung besitzen. Ziel ist die Wiederherstellung des normalen Gelenkspieles als Grundvoraussetzung der artikulären Mechanik, der Muskelfunktion und des normalen Bewegungsverhaltens.
Kontraindikationen	**Entzündungen, Tumore, frische Traumen, Hypermobilität**
Techniken	Handgrifftechniken zur Kapsel- und Muskeldehnung, Traktionsbehandlung, Translationsbewegungen
Beispiel	Eingeschränkte Schulterbeweglichkeit nach Ablatio mammae

Gemäß der *Konkav-Konvex-Regel* bewegt sich ein konvexer, distaler Gelenkpartner intraartikulär **entgegengesetzt** zur Bewegungsrichtung, hier des Armes. Dies hat zur Folge, daß der Humeruskopf bei Abduktion nach caudal gleitet. Kann er dies jedoch nicht, weil, wie in unserem Beispiel, der Recessus axillaris postoperativ verklebt ist, so weicht er nach cranial aus, komprimiert die Bursa subacrominalis und »verklemmt« im subacrominalen Gleitlager. Daß diese gestörte Biomechanik nicht ohne Folgen bleibt (Bursitis, Insertionstendopathien) und durch Trickbewegungen zu Schulter- und Nackenschmerzen o. ä. führt, ist jedem bewußt, der vergleichbare Patienten betreut. Aus Sicht eines Krankengymnasten, der mit Manueller Therapie arbeitet, ist der Behandlungsansatz klar:

3.1.2 Therapeutische Umsetzung

1.	Feststellen des Gelenkspiels bzw. dessen Einschränkungen
2.	Finden der aktuellen Ruheposition (maximal relaxierte Gelenkstellung)
3.	Kombination aus Traktions- und Translationsgriffen zur allmählichen Wiederherstellung des normalen Gelenkspiels
4.	Wiederherstellung der intermuskulären Koordination mittels PNF (siehe 3.5!)
5.	Harmonisierung der Muskulatur in Hinsicht auf Kraft und Dehnbarkeit (z. B. MTT und AED [siehe 3.2!])
Da dieses Vorgehen trotz aller Vorsicht mit Schmerzen verbunden sein kann, sollen schmerzlindernde Maßnahmen, z. B. Eis, ggf. auch Wärme, mit durchgeführt werden, und zwar intermittierend.	
Je früher eine solche Behandlung erfolgt, um so schneller führt sie zum Erfolg.	

3.2 Medizinische Trainingstherapie

3.2.1 Therapiebereich

Indikationen	Störungen des Bewegungsapparates, die auf muskulärer Schwäche, muskulären Dysbalancen und falschen Bewegungsmustern beruhen. Ziele sind die Schulung aller Arten der Kraft, die Balance zwischen Agonist und Antagonist wie auch innerhalb synergistischer Muskelgruppen sowie die Optimierung der Muskeldehnfähigkeit.
Kontraindikationen	**Lähmungen, Muskelerkrankungen Osteoporose*, Arthrose*, Knochentumoren*, -metastasen*** (* = relative K.)
Techniken	Widerstandstraining mit und ohne Hilfsmittel (Hantel, Seilzüge, Expander, elastische Bänder), Muskeldehnungen, Bewegungs- und Haltungstraining
Beispiel	Inaktivitätsatrophie des rechten Beines infolge Ruhigstellung; Kniegelenksbeweglichkeit bereits normalisiert

Als Ziele, die durch MTT erreicht werden können, gelten die Wiederherstellung der intramuskulären Koordination (Befähigung zur maximalen Rekrutierung aller motorischen Einheiten eines Muskels), der intermuskulären Koordination (Einbindung verschiedener Muskeln in eine zeitlich geordnete Abfolge von Spannungsentwicklung, Verkürzung und daraus resultierender Winkelveränderung eines oder mehrerer Gelenke), der Muskelausdauer und ggf. des Muskelumfangs. Wenn diese primären Ziele erreicht sind, gilt es, die Integration des rechten Beines in das Körperschema wieder völlig herzustellen, also eine selbstverständliche Einbeziehung in alle Bewegungen, seien es alltags- oder sportspezifische Bewegungen. Erst wenn alle diese Ziele erreicht sind, ist die Rehabilitation abgeschlossen.

3.2.2 Therapeutische Umsetzung

Ohne die Grundlagen der Trainingslehre hier darzulegen – diese werden in entsprechenden Standardwerken umfassend aufbereitet (z. B. HOLLMANN/HETTINGER, Sportmedizin, 3. Aufl. 1990) – sollen doch die *Trainingsmittel* genannt werden:

1.	Intramuskuläre Koordination: isometrisches Krafttraining in verschiedenen Gelenkstellungen
2.	Intermuskuläre Koordination: dynamisches Krafttraining, ein- und mehrgelenkig, Ausführen komplexer Bewegungsmuster gegen Widerstand
3.	Training über längere Dauer (2–15 min), in unserem Beispiel durchaus auch Ergometertraining
4.	Muskelumfang: konventionelles Krafttraining, jedoch Auswahl unbedenklicher Trainingsmittel, bzw. unbedenklicher Trainingslasten
5.	Integration: kontrolliertes Durchführen aller Bewegungsmuster (Aufstehen, Drehen, Richtungswechsel, Starts, Stops, sportartspezifische Bewegungen wie z. B. Torschuß, Kopfball, Torwartaktionen ...)

Was die MTT von anderen Anbietern, z. B. Training im Fitneß-Studio grundlegend unterscheidet, ist

- die permanente Überwachung des Rehabilitationsprozesses in allen Phasen durch einen ausgebildeten Therapeuten,
- die Anwendung biomechanischer Erkenntnisse bei Auswahl von Ausgangsstellung, Trainingsmitteln und -lasten,
- Unterordnung des Krafttrainings in die Wiederherstellung des Gesamtorganismus, insbesondere was die Integration in komplexe Abläufe angeht.

Daß entsprechendes Fachpersonal eventuell auch eine Elektrostimulation der Muskulatur miteinbeziehen kann, die Optimierung der Muskeldehnfähigkeit als gleichrangiges Ziel betrachtet, komplementäres Training anderer Muskelgruppen durchführt und Hinweise zur Prävention von Verletzungen gibt, sei nur abschließend erwähnt.

▷ Wer sich mit der MTT eingehender befassen will, dem sei GUSTAVSEN/STREECK MTT als Lektüre empfohlen.

3.3 Muskeldehntechniken

3.3.1 Therapiebereich

Indikationen	Hypertone Muskulatur, die nicht mehr den vollen Bewegungsausschlag zuläßt, eine schlechte Durchblutung bedingt, Schmerzen verursacht oder zu Zwangshaltungen führt (z. B. verkürzte Brustmuskulatur)	
Kontraindikationen	**Gestörte Gerinnungsverhältnisse, Zustand nach frischer Verletzung oder Überlastung (Muskelkater)**	
Techniken	Die Vielfalt der Eigennamen ist verwirrend, z. B. AED, CHRS PIR, Dekontraktion, Vibrationsdehnung, elektrostimulatorisch unterstützte Dehnung u. a. m. Eine Analyse der Dehnungsarten läßt aber wenige *Grundprinzipien* erkennen:	
	A	Statische oder dynamische Dehnungen am Bewegungsendpunkt (aktiv)
	B	S. o. durch einen Helfer (passiv)
	C	A + B nach Vorkontraktion des zu dehnenden Muskels
	D	Dehnung des Muskels unter Elektrostimulation
	Darüber hinaus gibt es Dehnungsformen, welche bei vorgeschädigten Gelenken (Arthrose, Winkelbeschränkung nach Operationen, z. B. Knie) möglich sind und die im Gegensatz zu den vorgenannten quer zum Faserverlauf durchgeführt werden. Diese Querdehnung kann auch mit A–D kombiniert werden.	
Beispiel	Behandlung einer Insertionstendopathie des M. extensor carpi radialis brevis bei eingeschränkter Handgelenksbeweglichkeit	

3.3.2 Therapeutische Umsetzung

Im vorhin genannten Beispiel ist eine Längsdehnung des Muskels nicht möglich, da nicht beide Gelenke (Ellenbogen und Handgelenk) in Dehnstellung gebracht werden können. Da bei diesem Muskel die Schädigung im Bereich der Sehne liegt, diese zur effektiven Behandlung aber eine gewisse Grundspannung braucht, kann man mittels Elektrostimulation den Muskel vorkontrahieren, die Sehne also unter Spannung setzen und dann quer zur Zugrichtung dehnen. Ist die Sehne dann ausgeheilt, kann auch der gesamte Muskelbauch quer zum Faserverlauf gedehnt werden.

Dieses etwas ausgefallene Beispiel wurde gewählt, um eine therapeutische Muskeldehntechnik vorzustellen, weil davon ausgegangen werden kann, daß anderes jedem, der einmal Sport getrieben hat, wenigstens im Ansatz vertraut ist. Grundlegende Einarbeitung in diese Thematik ist mittels SCHNEIDER/SPRING/TRITSCHLER »Beweglichkeit« (Thieme, 1989) möglich, oder auch mit HOLLMANN/HETTINGER.

3.4 Cyriax

3.4.1 Therapiebereich

Indikation	Schmerzen im Bereich der Insertionen, der Sehnen-Muskel-Übergänge und der Ligamente
Kontraindikationen	**Frische Traumen, gestörte Gerinnungsverhältnisse, in Heilung begriffene Sehnenoperationen*** (* = relative K.)
Technik	Die schmerzauslösenden Stellen werden durch eine Sonderform der Massage, der **gezielten Querfriktion,** behandelt, wobei die einwirkende Kraft quer zum Faserverlauf gerichtet ist. In Kombination mit Eis und Dehnungsbehandlung wird eine Normalisierung des behandelten Gewebes hinsichtlich Trophik und Funktion angestrebt.
Beispiel	Insertionstendopathie des M. supraspinatus infolge Überlastung beim Frühjahrsputz

Jede Sehne besitzt eine geringe Dehnfähigkeit. Mittels der Sehne wird die Kontraktionskraft des Muskels auf den Knochen übertragen. STARLING und EVANS (1960) bezeichnen diese Anordnung als »Serien-elastische-Komponente« der Muskelfunktion und schreiben ihr die Fähigkeit zu, »in gewissem Ausmaß die Kraft der kontraktilen Komponente zu modifizieren«. Diese Modifikation ist, in Analogie zum PKW mit Schaltgetriebe, als Kupplung zu verstehen, welche die Kraft des Muskels »weich« auf den Knochen überträgt. Diese Funktion läßt sich aber nur bei normaler Muskellänge erfüllen. Ist der Muskel verkürzt, wie in unserem Beispiel infolge Überlastung, ist diese Dehnfähigkeit bereits in entspannter Lage aufgebraucht, so daß sowohl die Trophik der Sehne leidet (erhöhte Spannung ist ein Diffusions-Hemmnis), als auch die Kraft unvermittelt auf das Periost übertragen wird. Dies, in Kombination mit mechanischer Dauerreizung im subacrominalen Gleitlager, läßt die Sehne und, im extremen Fall, die Bursa subacrominalis dekompensieren. WINKEL et al., »Nichtoperative Orthopädie« (Teil 3 S. 44), zeigen beweisende elektromikroskopische Bilder einer solchen Sehne.

3.4.2 Therapeutische Umsetzung

Mittels des Diagnose-Schemas nach JAMES CYRIAX können wir die betreffende Stelle lokalisieren und mittels der *Querfriktion* erfolgreich behandeln, so daß Trophik, Kupplungseffekt und Ausrichtung der Sehnenfasern wieder normalisiert werden können. Oben genannter Teil 3 der Reihe WINKEL et al. zeigt Diagnose- und Behandlungsverfahren für alle Insertionen und sei dem interessierten Leser für ein eingehendes Studium empfohlen.

Ebenso sei noch einmal darauf hingewiesen, daß *Eisanwendung* und *Muskeldehnung* unverzichtbarer Bestandteil einer Behandlung dieser Art sind und wiederum intermittierend zur Querfriktion durchgeführt werden sollten, um die unerwünschten Nebenwirkungen der Querfriktion (Entstehung von Reibungswärme mit konsekutiver, gesteigerter Ultrafiltration, welche eine »Verklebung« der Sehnenfasern verstärken könnte) zu kompensieren.

3.5 Propriozeptive Neuromuskuläre Fazilitation (PNF)

3.5.1 Therapiebereich

Indikationen	Paresen (schlaff und spastisch), Muskelschwäche, Koordinationsstörungen
Kontraindikationen	**Gelenksituationen und Osteosynthesen, denen eine rotierende Bewegungskomponente schaden könnte** (z. B. Marknagelung) [nach KNAUTH, REINERS, HUHN]
Techniken	»Durch Gesamtbewegungen in durchlaufenden synergistischen Muskelgruppen (immer auch unter Nutzung einer rotierenden Komponente) und durch Summation unterschwelliger Einzelreize an Muskel- und Gelenkrezeptoren wird maximale Stimulation des Motoneurons bewirkt …« (KNAUTH/REINERS/HUHN). Durch exakte Steuerung der Kraft, des Weges und der Bewegungsbahn wird die Irradiation der Spannung auf schwächere Glieder der synergistischen Kette erreicht. Dehnung, Zug, Druck dienen als Anreiz für das neuromuskuläre System. Je nach Durchführung wird Schmerzlinderung, Bewegungserweiterung oder Kräftigung angestrebt.
Beispiel	Vorbereitung zur Gangschulung bzw. Korrektur eines unphysiologischen Bewegungsmusters des rechten Beines nach TEP (volle Belastbarkeit)

Die funktionelle Benützung einer Extremität, hier des rechten Beines, ist nicht nur abhängig von motorischen Grundeigenschaften wie Kraft und Beweglichkeit, sondern insbesondere auch von deren zweckgerichtetem Zusammenspiel. Eben dieses Zusammenspiel geht verloren, wenn z. B. durch Operation Bestandteile der bewegungssteuernden Afferenz entfallen (Entfernung der Gelenkkapsel) oder »dekalibriert«

werden, wie die Muskel- und Sehnenspindeln. Dies passiert entweder durch direkte Manipulation oder Verletzung sowie durch Veränderung der Statik (also Veränderung der Beinlänge durch andere CCD-Winkel der TEP) oder Versetzung von Muskelansätzen.

3.5.2 Therapeutische Umsetzung

Aufgabe des Therapeuten, der mit PNF arbeitet, ist es nun, dem Nerv-Muskel-System auf Grundlage der neuen Situation die bewegungssteuernde Afferenz wiederzugeben:

1.	Erarbeitung der notwendigen Freiheitsgrade des Gelenks
2.	Bahnung der koordinierten Kontraktionsfolge der synergistischen Kette durch passiv → assistiv → aktiv → resistiv eingeübte Bewegungsfolge der Gliederkette. Dabei sollte darauf geachtet werden, daß die taktilen Reize des Therapeuten denen entsprechen, die später auch bei der Umsetzung in die Fortbewegung entstehen.
3.	Korrektur der eingeübten Bewegungsbahn in der Fortbewegung mittels taktiler Stimuli (Berührung) oder auch Kommandos

Weiteren therapeutischen Nutzen besitzt PNF darin, daß durch Training z. B. des kontralateralen Armes das rechte Bein schon beübt werden kann, eben durch die oben genannte Irradiation der Spannung, so daß hinsichtlich der Aktivierung der Muskulatur ein Aufbau begonnen werden kann, auch wenn ein direkter Zugang noch nicht möglich ist.

3.6 Vojta

3.6.1 Therapiebereich

Indikationen:	Vorwiegend Prophylaxe kindlicher neurologischer Bewegungsstörungen und orthopädischer Fehlhaltung, insbesondere bei frühkindlichen Hirnschäden. Ziele sind die Behandlung physiologischer Bewegungsabläufe, bevor sie von der pathologischen Entwicklung mit ihren Ersatzmustern verhindert werden, sowie die Einbettung von bisher nicht genutzten Muskeln in physiologische Bewegungsketten, globale Körperhaltungsveränderungen durch Auslösen des Reflexkriechens und Reflexumdrehens.
Kontraindikationen	Nicht bekannt, nur Fehlindikationen bei falsch gestellter Indikation
Techniken:	Auslösen der Reflexbewegungen durch Vordehnung der Muskulatur, Lagerung des Patienten, Stimulation definierter Auslösezonen einzeln oder in Gruppen
Beispiel:	Zentrale Koordinationsstörung beim Kind

3.6.2 Therapeutische Umsetzung

Für das Auslösen des Reflexkriechens wird das Kind in die Bauchlage gebracht, der Kopf um 30 Grad gedreht, der »Gesichtsarm« über den Kopf gehoben, in der Hand ein Holzstück im Faustschluß gehalten. Das Bein der gesichtzugewandten Seite ist leicht gebeugt nach außen rotiert, der andere Arm liegt innenrotiert mit geöffneter Hand neben dem Körper, das Bein leicht gebeugt außenrotiert. Als Auslösezonen werden auf der Gesichtsseite Ellenbogen, Skapula, Becken, Knie, auf der Hinterhauptseite das Akromion, die Rumpfzone des Musculus glutaeus medius und die Ferse stimuliert.

3.7 Das Bobath-Konzept

3.7.1 Therapiebereich

Indikationen	Zerebralparesen, Hemiplegie, MS, Ataxien
Kontraindikationen	**Wenn Bewegungstherapie allgemein kontraindiziert ist**
Technik	»Von dem Ehepaar BOBATH (1971) entwickelte Behandlungsmethode zur Verbesserung der Koordination des Bewegungsablaufs bei Zerebralparesen. Hemmung abnormer Haltungsreflexe, Reduktion und Regulierung des Haltungstonus, Bahnung normaler Haltungsreaktionen und Bewegungsabläufe.« Dazu werden »die Entwicklungsstufen gesunder Kinder schrittweise aufgebaut und eingeübt« (KNAUTZ/REINERS/HUHN).
Beispiel	Rechtsseitige Hemiplegie

Wenn auch die Bobath-Methode für Kinder entwickelt wurde, so ist doch heute ihr Einsatz aus fast allen Bereichen der Neurologie kaum noch wegzudenken. Man hat erkannt, daß der Lernprozeß, den gesunde Kinder im ersten Lebensjahr durchlaufen, mit einer methodischen Übungsreihe vergleichbar ist, in der schrittweise eine Ausdifferenzierung der Motorik angestrebt wird. So lassen sich die Reduzierung der Unterstützungsfläche (Rückenlage – Stand), die Gewichtsverlagerung (Bauchlage – Unterarm-Symphysenstütz – Handstütz – Vierfüßler), die motorischen Fähigkeiten (Rückenlage – Drehen – Hinsetzen – Einbein-Kniestand – Bärenstand – Krabbeln) und weitere Teilgebiete kindlicher Entwicklung überaus sinnvoll bei der Reaktivierung von Bewegungsvermögen Erwachsener mit den vorher aufgezählten Erkrankungen nutzen. Wer z. B. keine Sitzkontrolle hat, wie der fiktive hemiplegische Patient unseres Beispiels, und sein Schwerelot nicht innerhalb der Unterstützungsfläche halten kann, kann auch nicht stehen. Und wer sich aus der Rückenlage nicht in die Seitenlage oder Bauchlage umzudrehen vermag, kann auch nicht stehen und gehen, da ihm z. B. Schwungbeineinsatz und Rumpfrotation unmöglich sind.

Eine große Unterstützungsfläche bietet zudem die Vorteile von Reibung oder besser taktiler Stimulation, welche die Ausprägung des postinsulten Neglects (Vernachlässigung der plegischen Glieder im Körperschema) reduzieren oder gar vermeiden kann. Daß hierbei keine Voraussagen für jeden Einzelfall gegeben werden können, wie es auch keinen Standardtyp Hemiplegie gibt, ist selbstverständlich. Allerdings beweisen Studien, daß noch bis zu 5 Jahren nach dem Insult deutliche Verbesserungen zu erzielen sind. Und für die Angehörigen eines Menschen mit Hemiplegie ist es ein großer Unterschied, ob der Hemiplegiker beim Umlagern im Bett mithelfen, ob er auf den Nachtstuhl kann oder beim Transfer dorthin mithelfen kann oder nicht.
Ziel ist immer eine möglichst weitgehende Selbständigkeit des Betroffenen, je nach seinem Potential, welches im günstigen, aber gar nicht seltenen Fall auch wieder selbständige Fortbewegung ohne Hilfsmittel bedeuten kann.

3.7.2 Therapeutische Umsetzung

3.7.2.1 Bobath-Methode bei Hemiplegie

A. Initialphase: Stunden bis Tage nach dem Schlaganfall

Der Arzt muß

- ▷ die Akutdiagnostik durchführen und die indizierten Medikamente verordnen,
- ▷ die Ausrichtung des Zimmers zur Schlaganfallseite veranlassen,
- ▷ die Durchführung der Bobath-Lagerung anordnen.

Die Pflege sollte

- ▷ den Patienten als »schlagartig« entwurzelt begreifen und versuchen, seine resultierende innere Unruhe zu befrieden
- ▷ die Bobath-Lagerung umsetzen, und im Sinne der Frühförderung, jede Mitarbeit des Patienten wecken und sich die Zeit nehmen, diese in die Lagerung/Pflege einzubeziehen.

Der Krankengymnast sollte

- ▷ sich früh ein Bild über das Ausmaß der Symptome machen, die Kommunikationsfähigkeit feststellen, den ersten Kontakt herstellen
- ▷ alle notwendigen Prophylaxen durchführen und die Frühförderung der Pflege ergänzen.

Abb. 77 Akutmaßnahmen (Nach 24)

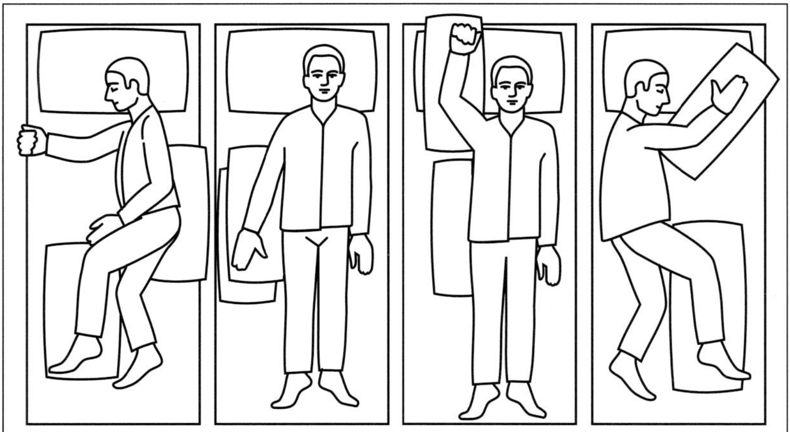

Abb. 78 Varianten der Bobath-Lagerung (Nach 24)

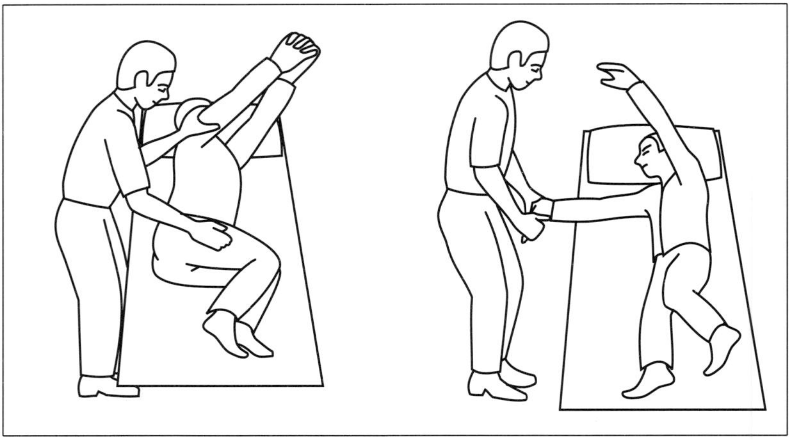

Abb. 79 Erste Maßnahmen des Krankengymnasten (Nach 24)

Zusammenfassung der Ziele in der Initialphase:

- Schadensbegrenzung durch Diagnostikgeführte Medikation (Blutung/Ischämie)
- Lagerung nach dem Bobath-Konzept, um Spastik zu reduzieren und die Gelenke freizuhalten
- Aktivierung des Patienten soweit es geht (Bridging, Umlagern, Aufsetzen)
- Zugang zum Patienten immer über die geschädigte Seite, und Ausrichtung des Zimmers nach der Schlaganfallseite, um die Ausbildung eines Neglects zu vermindern.

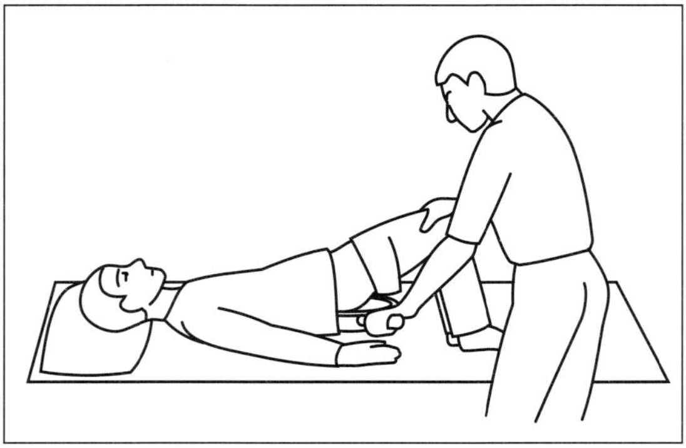

Abb. 80
Bridging (Nach 24)

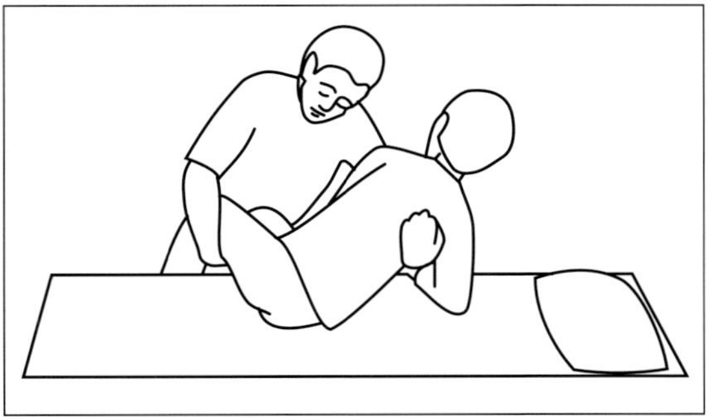

Abb. 81
Aufsetzen (Nach 24)

B. Akutphase: Aufenthalt im Akutkrankenhaus

Der Arzt sollte

- ▷ den Verlauf beim Patienten, d. h. Rückgang oder Zunahme der Symptome, protokollieren, um bei drastischen Veränderungen diagnostisch und therapeutisch reagieren zu können
- ▷ in engem fachlichen Austausch mit allen Beteiligten stehen
- ▷ dem Druck von außen widerstehen, den Patienten möglichst schnell mit Hilfsmitteln zu mobilisieren; vielmehr sollte er auf die Notwendigkeit der umfassenden Reaktivierung der Schlaganfallseite hinweisen.

Die Pflege sollte

- ▷ dem Patienten möglichst viel Zeit in korrekter »Lagerung« außerhalb des Bettes ermöglichen
- ▷ dem Patienten Zeitungen, Rundfunk, Fernsehen anbieten, um ihn kognitiv zu stimulieren
- ▷ Mißgeschicke nicht vorwurfsvoll kommentieren, sondern gemeinsam mit dem Patienten nach Lösungen suchen (Kontinenz, Nahrungsaufnahme).

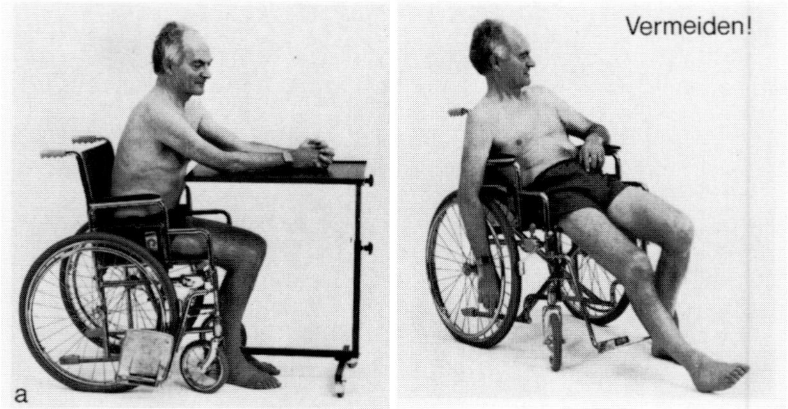

Abb. 82 Korrekte Situation – vermeidbare Haltung (5)

Der Krankengymnast sollte

- ▷ elementare Bewegungsfertigkeiten einüben: Kopfkontrolle, Placing, Sitzkontrolle
- ▷ den Haltungsaufbau im Sitz durchführen (sofern möglich), mit größtem Augenmerk auf Symmetrie
- ▷ das Drehen in Seitlage, Rumpfrotation, Beinkontrolle und Gewichtsverlagerung einüben
- ▷ gegebenenfalls die Ergänzung des Teams um einen Ergotherapeuten veranlassen.

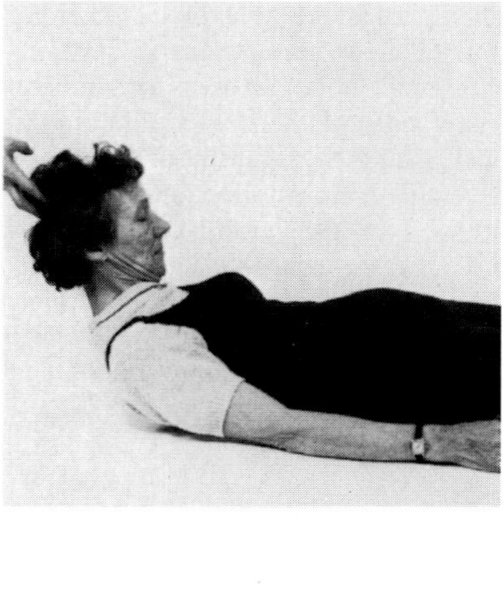

Abb. 83 Kopfkontrolle (5)

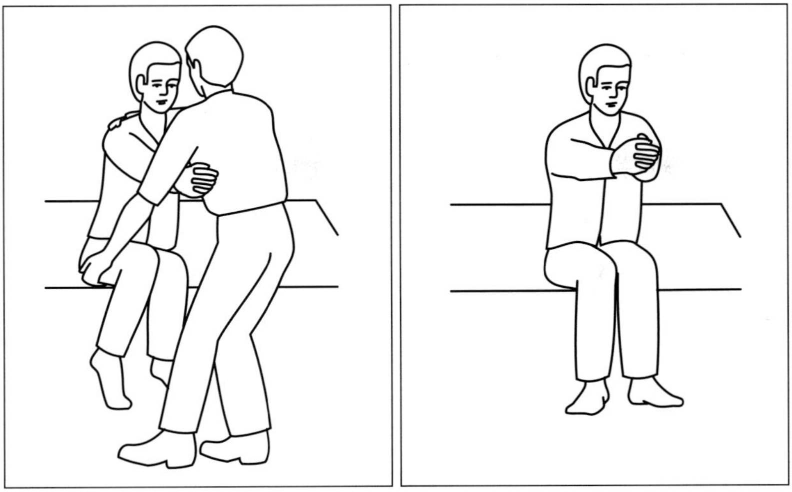

Abb. 84 Sitzkontrolle (Nach 24)

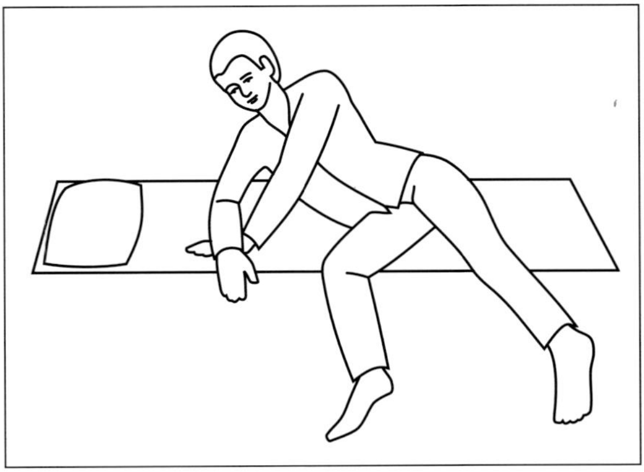

Abb. 85 Drehen in Seitenlage (Nach 24)

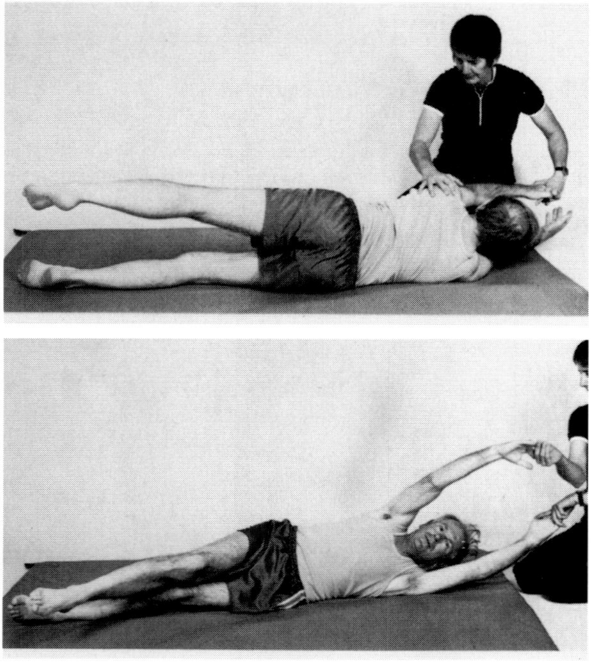

Abb. 86
Rumpfrotation (5)

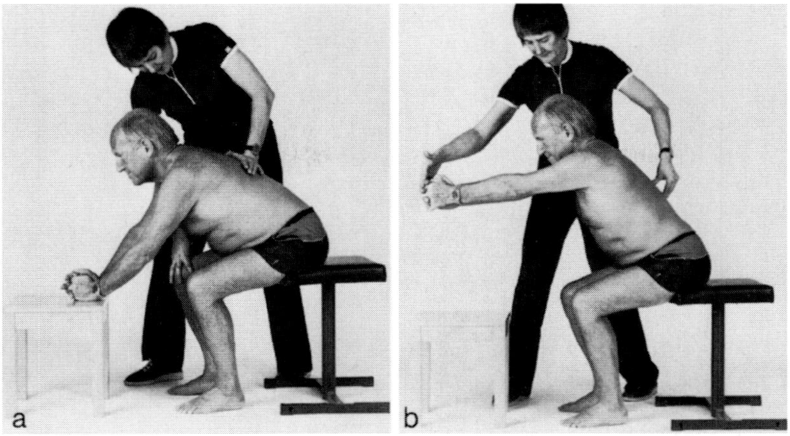

Abb. 87 Passive und aktive Extension des Rückens, mit Hilfestellung. (5)

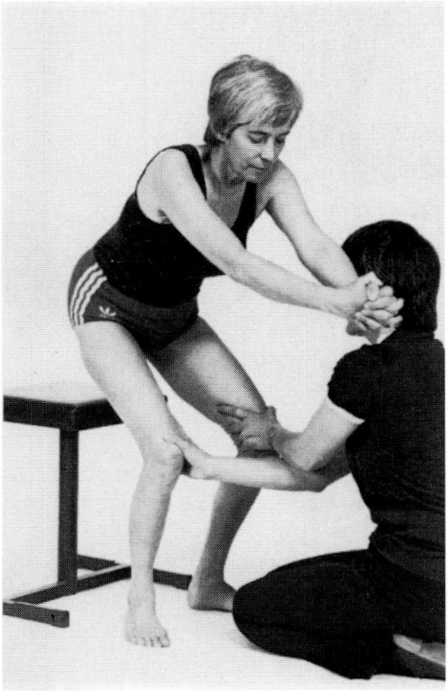

Abb. 88 Aufstehen ohne Adduktion des hemiplegischen Beines. (5)

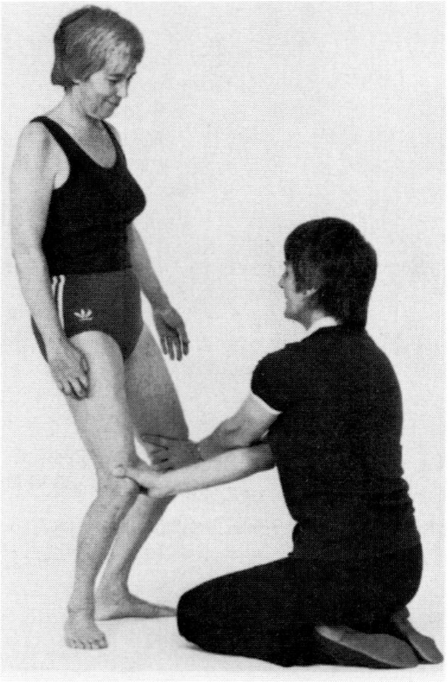

Abb. 89 Stehen mit gestreckten Hüften und abduzierten und außenrotierten Beinen. (5)

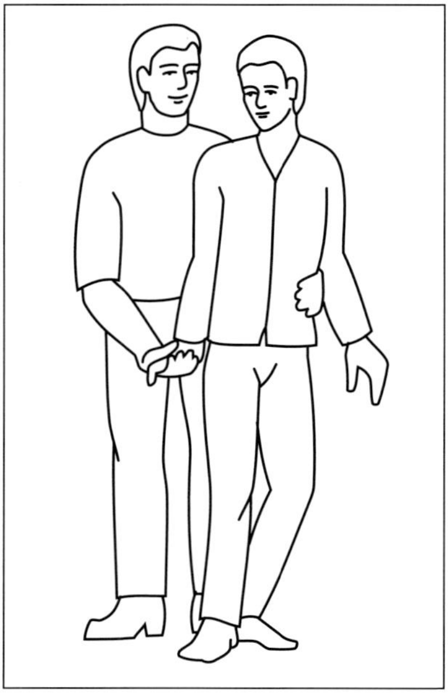

Abb. 90
Gehen mit weniger Hilfe.
(Nach 24)

Zusammenfassung der Ziele in der Akutphase:

- ▶ Zunehmende Mobilisation außerhalb des Bettes in exakter Lagerung
- ▶ Reorganisation von Basisbewegungsfähigkeiten als Grundlage höherer motorischer Fertigkeiten
- ▶ Bewertung der Rehabilitationsfähigkeit und evtl. Beantragung einer AHB (TEAM).

C. Rehabilitationsphase: AHB bis 5 Jahre nach dem Schlaganfall

In dieser Zeit ist der weitestgehende Funktionsaufbau der betroffenen Seite alleiniges Ziel aller Beteiligten.

Der Arzt

- ▷ muß die benötigten Maßnahmen rezeptieren und ggf. gegenüber den Kostenträgern begründen. *Reha statt Rollstuhl.*

Die Pflege

- ▷ wird überwiegend von Angehörigen geleistet, welche anzuleiten und mit den Möglichkeiten der fördernden Pflege bekannt zu machen sind
- ▷ bedarf Hilfsmittel und ggf. ärztlicher Intervention (Cystofix), beides muß gewährleistet sein.

Der Krankengymnast/Ergotherapeut

- ▷ müssen sich über ihre Inhalte verständigen, um schwerpunktmäßig Defizite aufzuarbeiten
- ▷ muß im Laufe der Zeit alle Möglichkeiten austesten, um irgendwann eine Entscheidung über die Fortführung der Behandlung treffen zu können. Wenn alle Möglichkeiten (Elektrotherapie, Bobath, PNF, Ergotherapie etc.) über längere Zeit keinen Erfolg bringen, kann das Potential zur Recovery negativ beurteilt werden.

Schlußbemerkung

Dieser Teil soll mit dem Hinweis abgeschlossen werden, daß es noch viele weitere krankengymnastische Techniken gibt, z. B. Brunkow, Brügger u. v. m., und daß diese sich in ihrem Wirkungsgefüge und Einsatzzweck deutlich unterscheiden. »Die« Krankengymnastik gibt es also nicht, sondern sie ist ein Sammelbecken verschiedenster Therapien. Die jeweils richtige Therapie auszuwählen, bedarf der offenen Kommunikation aller Beteiligten.

V.
Anhang

1. Literaturverzeichnis und Quellennachweis

❶ *Bischoff, H. P.:* Manuelle Therapie für Physiotherapeuten. perimed-spitta, Balingen 1993

❷ *Brügger, A.:* Die Erkrankungen des Bewegungsapparates. 2. A. Gustav Fischer, Stuttgart 1980

❸ *Buchmann, J. – Weber, K.:* Weiche Techniken in der Manuellen Medizin. Hippokrates, Stuttgart 1994

❹ *Cotta, H. – Heipertz, W. – Hüter-Becker, A. – Rompe, G.* (Hrsg.): Krankengymnastik. Band 2: Psychologie, Gruppenbehandlung, Berufslehre, Massage. Thieme, Stuttgart 1990

❺ *Davies, P. M.:* Hemiplegie. Anleitung zu einer umfassenden Behandlung von Patienten mit Hemiplegie. Reihe: Rehabilitation und Prävention 18. Springer, Berlin–Heidelberg 1986

❻ *Deppert, I. – Saul, B. – Daniels, U.:* Gymnastik im Alltag. Entspannung, Beweglichkeit, Körperbewußtsein. Rowohlt, Reinbek 1982

❼ *Dvorák, J. – Dvorák, V.:* Manuelle Medizin. Diagnostik. 4. A. Thieme, Stuttgart 1991

❽ *Gustavsen, R. – Streeck, R.:* Trainingstherapie im Rahmen der Manuellen Medizin. 2. A. Thieme, Stuttgart 1991

❾ *Hollmann, W. – Hettinger, Th.:* Sportmedizin – Arbeits- und Trainingsgrundlagen. 3. A. Schattauer, Stuttgart 1990

❿ *Junghanns, H.:* Die Wirbelsäule unter den Einflüssen des täglichen Lebens, der Freizeit und des Sportes. Hippokrates, Stuttgart 1986

⓫ *Kapandij, I. A.:* Funktionelle Anatomie der Gelenke. Band 3: Rumpf und Wirbelsäule. Enke, Stuttgart 1992

⓬ *Kindermann/Rost:* Hypertonie, Bewegung, Sport. Hoechst AG. Frankfurt/M. 1991

⓭ *Knauth, K. – Reiners, B. – Huhn, R.:* Physiotherapeutisches Rezeptierbuch. 4. A. Steinkopff, Darmstadt 1986

⓮ *Lagerstrøm, D.:* Grundlagen der Sporttherapie bei koronarer Herzkrankheit. Teil 1. Echo, Köln 1989

⓯ *Laser, T.:* Bandscheibenleiden. Ein Leitfaden für alle mit Kreuzschmerzen. 2. A. Zuckschwerdt, München 1990

⓰ *Lewitt, K.:* Manuelle Medizin. 3. A. Urban & Schwarzenberg, München 1977

⓱ *Mehnert, H.:* Pathogenese des Typ-II-Diabetes. (Lipha Arzneimittel, Darmstadt). Sonderdruck »Ärzte Zeitung« Nr. 138, 7/94

⑱ *Müller, E.:* Entspannungsmethoden in der Rehabilitation. perimed, Erlangen 1987

⑲ *Rock, C. M.:* Der chronische Rückenschmerz aus der Sicht der Funktionskrankheiten des Bewegungsapparates nach Dr. med. Alois Brügger. In: Funktionskrankheiten des Bewegungsapparates. Zeitschrift für interdisziplinäre Diagnostik und Therapie. Band 6, H 1/2 S. 48 1993, Gustav Fischer, Stuttgart

⑳ *Rost, R.:* Sport- und Bewegungstherapie bei inneren Krankheiten. Deutscher Ärzte Verlag, Köln 1991

㉑ *Rost, R. – Hollmann, W.:* Belastungsuntersuchungen in der Praxis. Thieme, Stuttgart 1982

㉒ *Schmidt, H.:* Orthopädische Grundlagen für sportliches Üben und Trainieren. 2. A. Edition Wötzel, Frankfurt/M. 1988

㉓ *Schneider, W. – Spring, H. – Tritschler, Th.:* Beweglichkeit. Thieme, Stuttgart 1989

㉔ *Schweizerische Arbeitsgemeinschaft für Rehabilitation:* Hemiplegie-Merkblatt. 4. A. Bad Ragaz, 1980

㉕ *Spring, H. – Kunz, H. – Schneider, W. – Tritschler, T. – Unold, E.:* Kraft. Theorie und Praxis. Thieme, Stuttgart 1990

㉖ *Stiftung Warentest* (Hrsg.): Ratgeber Technik: Fahrrad. Berlin 1992

㉗ *Villinger, B.* (u. a.): Ausdauer. Thieme, Stuttgart 1991

㉘ *Weidemann, H. – Meyer, K.:* Lehrbuch der Bewegungstherapie mit Herzkranken. Steinkopff, Darmstadt 1991

㉙ *Winkel, D.* (u. a.): Nichtoperative Orthopädie der Weichteile des Bewegungsapparates. Teil 3. Gustav Fischer, Stuttgart 1987

2. Sachverzeichnis